# Kostenrechnerische Grundlagen und Selbstkostenrechnung in Personenbeförderungsbetrieben des Straßenverkehrs

## Unter besonderer Berücksichtigung von Straßenbahnbetrieben



Von

Dr. oec. **Otto Kaiser**
Diplom-Kaufmann in Berlin

Mit 16 Textabbildungen und 1 Tafel

Springer-Verlag Wien GmbH 1938

**Additional material to this book can be downloaded from http://extras.springer.com**

ISBN 978-3-662-40654-0 ISBN 978-3-662-41134-6 (eBook)
DOI 10.1007/978-3-662-41134-6


Ursprünglich erschienen bei Julius Springer in Vienna 1938
Softcover reprint of the hardcover edition 1st edition 1938

Dem Andenken meines Vaters

Diplom-Ingenieur Richard Kaiser

wld. Kgl. Prß. Professor, Direktor der Kgl. Vereinigten Maschinenbauschulen zu Dortmund

## Vorwort.

Die vorliegende Arbeit möchte die Aufstellung von „Vorschriften“ für eine besondere Buchhaltung und Kostenberechnung in Verkehrsbetrieben vermeiden; sie will vielmehr — in Erkenntnis der durch wechselnde Umstände bedingten Verschiedenheit der einzelnen Betriebe — nur grundsätzliche Anregungen geben zur Erreichung eines einheitlichen Rechenwesens im Rahmen einer nach gleichen Richtlinien aufgebauten Buchhaltung, die Gewähr für richtige Vergleichsmöglichkeiten bietet. Wenn auch alle Untersuchungen und Erkenntnisse in diesem Buche auf Straßenbahnbetriebe abgestellt sind, verlieren sie dadurch doch nichts von ihrer allgemeinen Bedeutung für andere Personenbeförderungsbetriebe des Straßenverkehrs, wie Hoch- und Untergrundbahnen, private und kommunale, linienmäßig geführte Elektro- und Kraftomnibusbetriebe u. dgl. m., sofern es sich nur um Unternehmen von einem Umfang handelt, der eine entsprechend ausgestaltete Buchhaltung und Kostenrechnung rechtfertigt.

Wohl verursachen Schienengebundenheit und Kraftstromantrieb kostenrechnerische Sonderaufgaben, aber sie sind nicht das wesentliche; wesentlich allein ist der Nachweis für die Notwendigkeit einer Kostenstellenrechnung in Verbindung mit einer allen betrieblichen und wirtschaftlichen Notwendigkeiten gerecht werdenden Selbstkostenbestimmung, zusammenfassend dargestellt in einer einheitlichen Buchhaltung unter Berücksichtigung der Besonderheiten, wie sie allen vorstehend gekennzeichneten Verkehrsbetrieben arteigen sind.

Sollte es gelungen sein, mit dieser Arbeit einen, wenn auch nur bescheidenen Beitrag geliefert zu haben zu dem Werk, wozu der Führer Großdeutschlands durch sein eigenes Wirken und in der Ausstrahlung seiner Gedanken allen Kräften seines Volkes tagtäglich neuer Ansporn ist, das ist die Erreichung einer einheitlich ausgerichteten deutschen Höchstleistungswirtschaft, so verdankt dies der Verfasser in besonderem Maße seinen wissenschaftlichen Lehrern, den Herren Professor Dr. Mellerowicz und Professor Dr. h. c. Leitner, sowie seinem väterlichen Berater und Onkel, Herrn Direktor i. R. der Gemeinde Wien/Städtische Straßenbahnen, Ingenieur Ludwig Spängler; dieses ausdrücklich zu betonen und mit seinem wiederholten Danke auch an dieser Stelle zu verbinden, ist ihm aufrichtiges Herzensbedürfnis.

Berlin, Mai 1938. **Dr. oec. O. Kaiser.**

# Inhaltsverzeichnis.

Einleitung.

# Aufbau, Begrenzung und allgemeines Ziel der Arbeit.

In der vorliegenden Arbeit soll nicht etwa eine „Technologie" des Rechnungswesens von Straßenbahnbetrieben zum Gebrauch für Rechnungsbeamte gebracht werden; die gestellte Aufgabe ist vielmehr, zu untersuchen, welche technischen wie wirtschaftlichen Größen — inner- wie außerbetrieblicher Natur — in dem in Frage stehenden Rechnungswesen eine Rolle spielen.

Die tatsächliche Gestaltung des Rechnungswesens ist bei den einzelnen Straßenbahnbetrieben mehr oder weniger verschieden, so daß eine allgemeingültige, schematische Darstellung unmöglich erscheint. Es geht also nicht an, eine normenmäßig aufgebaute Einteilung etwa dergestalt zu bringen, daß der sachbearbeitende Beamte nur noch die entsprechenden Zahlen an formblattmäßig vorbereiteter Stelle einzutragen hätte. Überhaupt kann man von einer eigentlichen Straßenbahnbetriebs-Buchführung nicht sprechen, und zwar um so weniger, als sogar hinsichtlich der Wahl des bestgeeigneten Buchhaltungssystems scharfe Gegensätze in den Anschauungen maßgebender Stellen bestehen: Straßenbahnen haben ihrer ganzen Entwicklung und Kapitalstruktur nach vorwiegend den Charakter von Privatunternehmen (Rechtsform der A. G. u. dgl.), und es wäre daher naheliegend zu vermuten, daß ausschließlich privatwirtschaftliche Gesichtspunkte das Rechnungswerk bestimmten. Dem ist nicht so. Im Gegenteil, es ist gar nicht so selten, daß in starkem Maße kameralistische Einflüsse sich geltend machen.

Das hängt damit zusammen, daß doch letzten Endes bei allen dem öffentlichen Verkehr dienenden Bahnen es sich um gemeinnützige Belange handelt, und daß sich infolgedessen naturgemäß die mit der Wahrung dieser öffentlichen Aufgaben betrauten Stellen einen weitgehenden Einfluß auf derartige Unternehmen gesichert haben. „Gesetzgebende wie aufsichtführende Organe lassen sich in ihren Maßnahmen und Vorschriften von für staatliche Zwecke geeigneten kameralistischen Gedankengängen leiten und zwingen diese den privaten Eisenbahnunternehmen auf, sicherlich ohne sich bewußt zu werden, daß viele der Vorschriften ohne Vergewaltigung kaufmännischer Rechnungsführung nicht durchführbar sind. Aber über den direkten Einfluß dieser Organe hinaus haben sich in vielen Fällen durch die überragende Bedeutung kameralistisch rechnender (staatlicher) Eisenbahnen bei den Verwaltungen der Privatbahnunternehmen kameralistische Vorstellungen in der Denkhaltung eingenistet, die eine zweckdienliche kaufmännische Geschäftsführung und Rechnungslegung stören und klare Erkenntnisse der privatwirtschaftlichen Zusammenhänge erschweren."[1]

Straßenbahnen aber sollten sich immer vor Augen halten, daß sie — was überwiegend der Fall ist — zu großem Teil, wenn nicht ausschließlich, mit fremdem Leihkapital arbeiten, das auch dann den Charakter privater Kapitaleinlagen hat, wenn es sich um Anleihen bei fremden Staaten od. dgl. handelt. Dann aber ist es die Pflicht des Unternehmens, in erster Linie das entgegengebrachte Vertrauen zu rechtfertigen, d. h. dem Geldgeber eine angemessene Verzinsung seines Kapitals zu sichern und den Kapitalumlauf in einer möglichst übersichtlichen und lückenlosen Form darzustellen. Es besteht nach dem heutigen Stande der betriebswirtschaftlichen Forschung wohl kein Zweifel darüber, daß diesen Ansprüchen nur ein nach kaufmännischen Grundsätzen geleitetes Unternehmen genügen kann. Daß dazu auch ein kaufmännisches und nicht ein kameralistisches Rechenwesen gehört, erscheint selbstverständlich, wie es auch selbstverständlich ist, daß nur die Form der doppelten Buchhaltung dafür in Frage kommt.

Nur diese ist daher — in den Grenzen des Themas — Gegenstand der vorliegenden Arbeit. —

Bei der Abfassung der Arbeit ergaben sich eine Reihe von Schwierigkeiten: Einmal fehlte — soweit dem Verfasser bekannt war — über das hier behandelte Thema jede spezielle Fachliteratur (auch solche älteren Datums), zum anderen war es sehr schwierig, von den in Betracht kommenden Unternehmen brauchbare Unterlagen zur Veröffentlichung zu erhalten. Durch gütige Unterstützung von kaufmännischen und technischen Leitern in- und ausländischer Straßenbahnunternehmen ist es aber schließlich doch gelungen, gutes (hauptsächlich statistisches) Material zur Verfügung gestellt zu bekommen.

Nach einer kurzen zusammenfassenden Darstellung der Entwicklungsgeschichte der Straßenbahnen folgt zur Überleitung auf den Kernpunkt des Themas eine übersichtsweise Besprechung des Rechnungswesens im allgemeinen, seiner Aufgaben und seiner begrifflichen Gliederung im besonderen. Es wird dann in dem Abschnitt über die Einnahme- (Ertrags-) Rechnung weiter eingegangen auf die dem Rechnungswesen der Straßenbahnbetriebe eigenen Besonderheiten (d. h. die für die Anlage des Rechenwerkes wesentlichen inner- und außerbetrieblichen Größen); und von dem am Ende dieses Kapitels behandelten Tarifierungsproblem kommen wir dann zwanglos zu der besonders eingehend untersuchten Selbstkostenrechnung. Von dieser gelangen wir — wieder aus der Sache heraus — zu dem

[1] Voigt: a. a. O., S. 6 ff.

im letzten Abschnitte der Arbeit vom Verfasser erstmalig im einschlägigen Schrifttum gemachten Versuch der Entwicklung eines Kontenschaubildes in Anlehnung an den Schmalenbachschen „Kontenrahmen“.[1]

Wenn auf die bei der Abfassung der Arbeit entstandenen Schwierigkeiten ausdrücklich hingewiesen wird, soll dies keine „captatio benevolentiae“ sein, dennoch aber den kritischen Leser bewegen, über etwaige Mängel hinwegzusehen, wie sie wohl jeder sich zum großen Teil mit Neuland befassenden Arbeit anhaften werden: Während die eine oder andere Darstellung mehr ins einzelne geht, wird andernorts nur in großen Zügen Grundlegendes gebracht, wo Besonderheiten hinsichtlich des besprochenen Rechnungswesens nicht gesehen wurden. Man möge auch nicht vergessen, daß gerade bei verkehrswirtschaftlichen Abhandlungen eine scharfe Abgrenzung betriebswirtschaftlicher und sozialwirtschaftlicher bzw. volkswirtschaftlicher Denkungsweise nicht immer durchführbar ist.

## Hauptteil.

## A. Entwicklungsgeschichte der deutschen Straßenbahnen und ihrer Unternehmungsformen sowie deren Einfluß auf das betriebliche Rechnungswesen.

In den Sechzigerjahren des vorigen Jahrhunderts war es, als erstmals schienengebundene Fahrzeuge im Straßenbild deutscher Städte auftauchten, um sich in den seither verflossenen knapp drei Menschenaltern — trotz U-Bahn, Autobus usw. — zum unter gewissen Voraussetzungen unentbehrlichen Massenbeförderungsmittel im binnenstädtischen Verkehr zu entwickeln. Und wenn man berücksichtigt, daß es ausschließlich fremdländische (englische und belgische) Gesellschaften waren, in deren Händen sich die ersten derartigen Unternehmen befanden, wird es auch verständlich, daß der Profitgedanke zunächst in jeder Beziehung vorherrschend war und man einzig und allein darnach trachtete, die Verkehrslinien möglichst rentabel zu gestalten. — Schließlich handelte es sich ja um reine Privatunternehmen, so daß es verständlich erscheint, wenn sie private — d. h. eben „profit“-wirtschaftliche Erwägungen — etwaigen (damals z. T. überhaupt noch nicht erkannten) sozialpolitischen voranstellten. Es erscheint auch begreiflich, wenn ausländische Erwerbsunternehmen ihre Aufgabe nicht darin sahen, Pionierarbeit zu leisten im Interesse des allgemeinen Verkehrs in einem fremden Staate, noch dazu, wo es sich meist um langfristige Kapitalanlagen handelte, die in den Anfängen dieses neuen Verkehrszweiges jedenfalls ein großes Wagnis bedeuteten:

[1] S. S. 87 ff. und Tafel: „Entwurf eines Kontenplanes für Straßenbahnen“.

Wurden doch die Straßenbahnen zunächst von der großen Masse nur recht wenig in Anspruch genommen. Der Verkehr entwickelte sich in nur langsamem Zeitmaß.

Ungenügende öffentliche Kontrollmöglichkeit, hohe Tarife, mangelhafter Ausbau der Linien, die Abneigung der privaten Gesellschaften bei nicht günstig scheinenden Konzessionsabkommen höhere Kapitalien anzulegen, der langsame technische Ausbau (Elektrifizierung!) u. a. m. führten schließlich dazu, daß sich die Städte in zunehmendem Maße mit dem Gedanken befaßten, die Straßenbahnen in eigene Verwaltung zu nehmen. Erst als sich die Großstädte als Sammelpunkte der aufstrebenden Industrie und Wirtschaft mit einer früher unvorstellbar gewesenen Geschwindigkeit ausdehnten und damit auch ganz neue Verkehrsprobleme entstanden, erkannte man, welch wichtige Rolle die Verkehrsunternehmen im allgemeinen, Straßenbahnen im besonderen in der Siedlungs- und Wohnungspolitik spielen konnten.

Es waren also nicht so sehr finanzpolitische Erwägungen, die zur Kommunalisierung von Straßenbahnunternehmen führten, als vielmehr sozialpolitische, d. h. insbesondere wohnungs- und siedlungspolitische. — Der Satz: „Keine Bodenpolitik ohne Verkehrspolitik" fand überall lebhaften Widerhall.

Die auf diesem Grundsatz aufgebaute Verkehrspolitik wurde als eines der wichtigsten Mittel erkannt, das Angebot an Bauland zwecks Niedrighaltung der Bodenpreise zu vermehren und es mit Hilfe der Straßen-, Untergrund- usw. Bahnen den im Stadtinneren arbeitenden Menschen möglich zu machen, ohne allzu großen Aufwand an Zeit und Geld sich mehr und mehr den am Stadtrand gelegenen Raum als Wohnviertel zu wählen.

Damit wurde die Wohnungsfrage im Stadtkern einer sozialpolitisch zu begrüßenden Lösung nähergebracht und neues Bauland erschlossen.

„Je größer" — sagt ein neuerer Kommunalpolitiker[1] — „die Verkehrsschwierigkeiten, um so höher die Bodenpreise in den Geschäftszentren. Wäre es möglich, die Menschen mit einem Mindestaufwand von Kosten und Zeit überallhin zu befördern, so würde es in den Städten zwar noch immer Vorzugspreise für Boden in gewissen Vierteln und Straßen geben, aber sie würden sich im ganzen in mäßigen Grenzen halten. Je teurer und umständlicher die Menschenbeförderung, um so teurer wird der Boden in all den Stadtvierteln, in denen oder in deren Nähe eine größere Anzahl Menschen ihren Erwerb finden oder sich sonstwie aufzuhalten haben."

Je umfangreicher und gründlicher die Aufgaben der städtischen Wohnungspolitik wurden, um so mehr gewann der Gedanke der Kommunalisierung der Straßenbahnen an Raum, und es war verständlich, wenn die Frage der gemeinnützigen Verwendbarkeit

[1] Heiß: „Wohnungsreform und Lokalverkehr", Göttingen 1903.

dieser modernen Massenverkehrsmittel immer mehr in den Vordergrund der Erwägung rückte, wenn man auch den Erwerbszweck nicht außer acht lassen konnte.

Immerhin warfen selbst in den wirtschaftlich besten Jahren der Vorkriegszeit gemeindliche Straßenbahnen nur sehr selten nennenswerte Gewinne ab.[1] — Während des Weltkrieges und in der unmittelbaren Folgezeit mußte in mancher Stadt das oft noch junge städtische Verkehrsunternehmen stillgelegt werden oder erfuhr doch eine wesentliche Einschränkung. Die schwierige Lage führte sogar stellenweise zu einer rückläufigen Entwicklung: Aus dem rein kommunalen Verkehrsunternehmen wurde wieder eine mehr oder weniger unter privatem Einfluß stehende Gesellschaft, sei es, daß der Betrieb verpachtet wurde — wobei sich die Stadt gewisse Verwaltungsgeschäfte und Rechte vorbehielt und Eigentümerin blieb —, sei es, daß das ganze Unternehmen restlos in das Eigentum der privaten Gesellschaft überging.

Daß der reine Privatbetrieb seiner Natur gemäß in erster Linie auf Gewinn abgestellt ist und damit wichtige soziale Aufgaben der Stadt einer wesentlichen Förderung beraubt werden, wurde bereits erwähnt; anderseits sind dem privaten Betriebe doch auch gewisse Vorzüge eigen, die sich bei einer ausschließlichen Gemeindeverwaltung kaum verwirklichen lassen.

Die Schwierigkeit des Entscheides, welcher Verwaltungsart der Vorzug gebührt, scheint darin zu liegen, daß es sich bei den Straßenbahnen um die Anlage von ausgesprochen „werbendem" Kapital handelt! Die Führung solcher Unternehmen muß daher einerseits möglichst ungehemmt sein (Befreiung von unwirtschaftlicher Beeinflussung und von hindernden Rücksichten sozialpolitischer und bureaukratischer Art), während auf der anderen Seite die zu erstrebende „optimale Wirtschaftlichkeit" nicht unbedingt identisch zu sein braucht mit größtmöglichem Gewinn, sondern mehr noch in der Förderung der allgemeinen Verkehrsinteressen ihren Ausdruck finden soll.

Es scheint hier der Ort, auf eine sich in neuerer Zeit immer häufiger durchsetzende besondere Wirtschaftsform hinzuweisen, das „gemischtwirtschaftliche Unternehmen": Da der Nutzen einer Straßenbahn u. a. auch von der Größe des Stadtgebietes abhängig ist (bei zu kurzen Strecken bedingen die allgemeinen Unkosten auf die Dauer zu hohe Fahrpreise), ist man vielfach dazu übergegangen, Zweckverbände zu gründen, um Überlandbahnen einzurichten, die dann meist den Charakter nebenbahnähnlicher Kleinbahnen[2]

[1] Otto Most: „Die deutsche Stadt und ihre Verwaltung", Band II, Berlin-Leipzig 1926, S. 58.

[2] Kleinbahnen sind gemäß dem Preußischen Kleinbahngesetz vom 28. Juli 1892 diejenigen Unternehmen, die den Personen- und Güterverkehr von Ort zu Ort vermitteln und sich nach ihrer Ausdehnung, Anlage und Einrichtung der Bedeutung der Nebeneisenbahn nähern.

haben. Und bei diesen Überlandbahnen war es besonders, daß die gemischtwirtschaftliche Unternehmungsform immer mehr an Bedeutung gewonnen hat, und zwar in Gestalt der A. G. oder der G. m. b. H. Bei zweckmäßiger Verteilung des Kapitals, d. h. der durch die Kapitalhergabe bedingten Einflußnahme, ist gegen diese Form auch wohl nichts einzuwenden, da dann sowohl genügende Beweglichkeit der innerbetrieblichen Führung als auch eine Gewähr für die Berücksichtigung der gemeinwirtschaftlichen Interessen gegeben erscheint.

Wie sehr der Gedanke der gemischtwirtschaftlichen Unternehmensform aber auch bei reinen Straßenbahnen sich immer mehr durchzusetzen scheint, zeigt die nachstehende Zahlentafel, die die Gesamtzahl der im Jahre 1934 bzw. 1935 im Reiche statistisch erfaßten[1] Straßenbahnverwaltungen nach der Herkunft der in ihnen arbeitenden Kapitalien gruppiert:

Zahlentafel 1.

| Kapitalquelle | Anzahl der erfaßten Verwaltungen | | | |
|---|---|---|---|---|
| | 1934 | Prozent | 1935 | Prozent |
| Zu 100% öffentlich | 94 | 61,4 | 96 | 61,2 |
| „ 100% privat | 19 | 12,4 | 20 | 12,7 |
| Mehr oder weniger gemischtwirtschaftlich | 40 | 26,2 | 41 | 26,1 |
| | 153 | 100,0 | 157 | 100,0 |

Zu beachten ist hierbei, daß es ursprünglich entweder nur rein privatwirtschaftlich aufgezogene oder (später) — den öffentlichen Belangen Rechnung tragend — daneben rein öffentlich-wirtschaftliche Betriebe gab; man darf annehmen, daß vornehmlich letztere im Hinblick auf die oben erwähnten Wirtschaftlichkeitsgründe in die gemischtwirtschaftliche Form umgewandelt werden, während Unternehmen, die aus besonderen Gründen bis heute einen rein privaten Charakter bewahrt haben, daran vorerst kaum etwas ändern dürften.

Daß für das private und das gemischtwirtschaftliche Unternehmen das eingangs (S. 2, Abs. 2) über die Buchhaltungsform Gesagte in besonderem Maße zutrifft, versteht sich wohl von selbst.

Das kaufmännische Rechenwesen im allgemeinen, seine grundsätzlichen Aufgaben, seine Gliederung und die Erkennung seiner Sonderprobleme bei innerstädtischen, öffentlichen Verkehrsbetrieben (besonders bei Verwendung schienengebundener, kraftstromgetriebener Fahrzeuge) sind Gegenstand der folgenden Ausführungen.

Der Versuch einer Lösung der als Hauptproblem erkannten mit der Selbstkostenrechnung verbundenen Schwierigkeiten der richti-

[1] Statistik der Reichsverkehrsgruppe Schienenbahnen, Berlin.

gen „Zurechnung" auf dem „synthetischen" Wege über die Buchhaltung sowie ein Vorschlag zur Gestaltung eines für Straßenbahnen brauchbaren „Kontenrahmens" im Sinne Schmalenbachs ist das abschließende Ziel.

## B. Sonderprobleme und Schwierigkeiten des kaufmännischen Rechenwerkes bei Verkehrsbetrieben im allgemeinen, bei Straßenbahnen im besonderen.

Wenn Sombart von der Vergeistigung und der Rechenhaftigkeit des modernen kapitalistischen Unternehmens spricht,[1] meint er damit wohl u. a. auch die Einsetzung eines Mechanismus, der Zufälligkeiten, Willkür und Unsicherheit mehr und mehr ausschließt. Daß die Entwicklung diesen Weg — soweit die Betriebskontrolle in Frage steht — nimmt, dafür sorgt die „vernunftgemäße Disposition", wie sie Mellerowicz nennt,[2] d. h. die Überlegung, welche Möglichkeiten und Aussichten wahrscheinlich bezüglich der Finanzierung und der Gestaltung der Produktions- und Marktverhältnisse bestehen.

I. Was sind nun unter diesem Gesichtspunkt und unter Berücksichtigung aller besonderen Schwierigkeiten die Ziele des Rechenwesens bei Verkehrsbetrieben?

1. Die Schaffung einer Übersicht über die Vermögenswerte und Bestände des Unternehmens, sowie
2. ihrer Veränderung und deren Ursachen;
3. die Rentabilitäts- und Wirtschaftlichkeitsrechnung;[3]
4. die Errechnung der wirtschaftlichen und betrieblichen Möglichkeiten, wobei wir darunter die Erfassung und Auswertung der konjunkturellen Änderungen sowie die der außerhalb der Unternehmung liegenden Bedingtheiten, d. h. die Einordnung des Betriebes in das „Marktgeschehen" verstanden wissen möchten.[2]

Man sieht, die Zielsetzung des verkehrsbetrieblichen Rechenwesens ist dieselbe wie bei anderen konjunkturabhängigen, nicht von vornherein auf Verlust abgestellten Betriebswirtschaften. — Was aber sind die besonderen „Schwierigkeiten"?

II. Es ist dabei hauptsächlich an folgendes zu denken:

1. Möglichste Beschränkung des statistischen Zahlenwerkes trotz der Unzahl von Einzelvorgängen:

Da ein Zuviel verwirrt und die Klarheit der Übersicht nur erschwert, heißt es, jene Zahlen auszulesen, die für die wirtschaftlichen Abläufe typisch sind; eine Kunst, die einen erfahrenen Fachmann erfordert, der praktisch wie theoretisch die wirtschaftlichen Zusammenhänge überblickt.

---

[1] Sombart: „Gewerbewesen."

[2] Mellerowicz: „Grundlagen und Grundsätze."

[3] Als „Leistungsrechnung" verstanden im Gegensatz zur „Profitrechnung" der liberalistischen Wirtschaftsführung.

2. Möglichst schnelle Kontrolle trotz des überaus komplizierten Betriebsapparates:

Da das Zeitmaß der Abläufe der einzelnen Betriebshandlungen und der Marktwirtschaft immer schneller wird, genügt eine langfristige Kontrolle heute weniger denn je. Der moderne Betrieb erfordert in zunehmendem Maße die kurzfristige (womöglich tägliche), mindestens monatliche Erfolgsrechnung. „Es gilt, die Wendepunkte so schnell als möglich zu erfassen, ja sie vorauszuahnen.“[1]

3. Eine schwere Entscheidung ist es ferner, ob die kurzfristige Erfolgsrechnung unter die Gesichtspunkte der Kosten- oder der Aufwandsrechnung zu stellen ist? Sie neigt mehr zur Kostenrechnung in der Industrie, mehr zur Aufwandsrechnung im Handels- und im Bankbetriebe.[2] Wir möchten hinsichtlich der Verkehrsbetriebe im Hinblick auf ihre betriebstechnische Verwandtschaft zur Industrie der Kostenrechnung den Vorrang geben.

4. Die aus dem überwiegenden Einfluß öffentlicher Unternehmensform (61,2% rein kommunal, 26,1 + 12,7 = 38,8% gemischtwirtschaftlich und privat)[3] sich ergebende innerbetriebliche Schwerfälligkeit (der „Amtsschimmel am Halfter der Privatinitiative“).[4]

5. Das vielfach noch immer mangelhafte Verständnis der leitenden Techniker und Verkehrsfachleute für betriebswirtschaftliche bzw. der kaufmännischen Betriebsführer für technische Zielsetzungen und die Notwendigkeit ihres aufeinander abgestimmten Niederschlages im Rechenwesen (Problem der technischen Kostenstandards).

6. Die Wesensverschiedenheit der Leistungsprod kte, die die organische Einheit des Rechenwesens gefährdet.

7. Das Fehlen belastungsfähiger „Kostenträger“ im Sinne industrieller Betriebsrechnung.

III. Da der letzterwähnte Punkt (7) vielleicht als „das Problem“ hinsichtlich der Kostenrechnung bei den Verkehrsbetrieben überhaupt bezeichnet werden darf, erscheint es — vor allem aber auch zum besseren Verständnis späterer Erörterungen — angebracht, schon jetzt dazu einige erläuternde Ausführungen zu machen:

a) Das Verkehrswesen kennt keine „Kostenträger“ wie etwa die Industrie; ihre Leistungseinheiten sind „Rechnungswagenkilometer“, „Personenkilometer“, „Platzkilometer“ u. dgl. m., und es kommt darauf an, zu ermitteln, was dem Unternehmen eine Leistungseinheit an Strom, Abschreibungen, Personalausgaben usw. gekostet hat.

b) Um diese Zahlen errechnen zu können, wird hier der Vorschlag gemacht, den von dem Reichskuratorium für Wirtschaftlichkeit (RKW)

[1] Mellerowicz: „Grundlagen und Grundsätze.“

[2] Vorwiegen bzw. Zurückstellen des Preisproblems je nach der Bedeutung einer mehr oder weniger scharfen Erfassung der Stückkosten.

[3] S. Zahlentafel 1.

[4] Daß hier das „Führerprinzip“ im Sinne nationalsozialistischer Wirtschaftsführung eine Wendung zum Besseren bedeutet, hat die Entwicklung in Deutschland, so jung sie verhältnismäßig auch ist, bereits erwiesen.

entwickelten „Betriebsabrechnungsbogen“ (BA.) in einer für das Verkehrsgewerbe abgewandelten Form zu verwenden.[1]

„Gitterschema“ zum Betriebsabrechnungsbogen.

| Kostenarten (entsprechend der Gliederung der G- und V-Rechnung) | Zahlen der Hauptbuchhaltung | Kostenstellen entsprechend dem Kontenplan der Hauptbuchhaltung | | | | |
|---|---|---|---|---|---|---|
| | Reichsmark | | | | | |
| Monat: | | | | | | |
| Januar ............... | 1000,— | 300,— | 100,— | 200,— | 150,— | 250,— |
| Februar .............. | 1200,— | 400,— | 100,— | 200,— | 250,— | 250,— |
| usw. | | | | | | |
| | Gefahrene RWkm | Reichsmark je gefahrenen RWkm | | | | |
| Monat: | | | | | | |
| Januar ............... | 1000 | 0,3 | 0,1 | 0,2 | 0,15 | 0,25 |
| Februar .............. | 1500 | 0,26 | 0,06 | 0,13 | 0,16 | 0,16 |
| usw. | | | | | | |

Aus diesem „Gitterschema“ können Richtzahlen, wie „Personalkosten je Rechnungswagenkilometer“, „Reparaturkosten je beförderte Person“ usw. ermittelt werden; durch die fortgesetzte Errechnung solcher Richtzahlen und periodenmäßige, geeignete Vergleiche hat der Verkehrsfachmann eine Möglichkeit, den Betrieb auf seine Wirtschaftlichkeit hin zu überwachen und Fehlerquellen zu erkennen.

Bei Beurteilung der Richtzahlen sind Tatsachen, wie Schwankungen des Beschäftigungsgrades, Veränderungen der Betriebsstruktur usw. besonders zu berücksichtigen.

Bei der praktischen Ausgestaltung des BA. wird man zweckmäßigerweise die Kostenstellen entsprechend der Gliederung der Gewinn- und Verlustrechnung der ersten Durchführungsverordnung vom 29. September 1937 zum Aktiengesetz vom 30. Januar 1937 aufteilen.[2]

c) Die aus dem BA. gewonnenen, die Aufwandseite des Betriebes kritisch beleuchtenden Zahlen können nicht nur für den Zeitvergleich innerhalb eines Betriebes, sondern auch für den Vergleich mehrerer, ungefähr gleichgelagerter Betriebe benutzt werden.

Für die endgültige Beurteilung der wirtschaftlichen Lage eines Unternehmens ist aber neben der Aufwandsseite auch die Ertragsseite von großer Bedeutung. Um sich schnell ein Bild über die Einnahmen zu verschaffen, haben die Straßenbahngesellschaften „Kennziffern“ ermittelt: „Durchschnittseinnahme je Fahrgast“, „Durchschnittseinnahme je Rechnungswagenkilometer“ usw.

d) Hinsichtlich des Zusammenhanges zwischen kaufmännischer Buchhaltung und Betriebsabrechnung ist alles Wesentliche gesagt

[1] RKW-Nachrichten, Sonderdruck aus Heft 12/1935, 2/1936 und 4/1936.

[2] S. Anhang 1, S. 99.

im Sonderdruck aus Nr. 12/1935, 2/1936 und 4/1936 der RKW-Nachrichten. Die dort niedergelegten, für Industriebetriebe erläuterten Grundsätze gelten sinngemäß auch für die Betriebsabrechnung und die auf Seite 87 ff. der vorliegenden Arbeit gebrachte Abhandlung über die praktische Anwendung eines „Kontenrahmens" für Straßenbahnunternehmen; natürlich unter entsprechender Anpassung an die Besonderheiten von Verkehrsbetrieben im allgemeinen, Straßenbahnbetrieben im besonderen.

Die Ausführung auch bloß eines praktischen Beispiels könnte im Hinblick auf die Verschiedenheit der Gegebenheiten im Einzelfall nur den Blick vom Grundsätzlichen ablenken und muß der jeweiligen Betriebsleitung aus ihrer Kenntnis der Arteigenheit des betreffenden Betriebes überlassen werden.

## C. Die Einnahme- (Ertrags-) Rechnung.

### 1. Die Betriebsleistung (Begriffe und Einheiten).

Die Behandlung des Rechenwerkes bei Straßenbahnbetrieben macht die vorhergehende Klärung einiger Begriffe und Rechengrößen notwendig; teils, weil sie dem Straßenbahnbetriebe oder den Verkehrsbetrieben überhaupt eigentümlich sind oder doch hier einen besonderen Inhalt haben, teils, um Mißverständnisse zu vermeiden:

Zunächst ist klarzustellen, worin die einzelne Betriebsleistung beim Straßenbahnbetriebe besteht? Das ist notwendig, um die Kostenträger festzulegen, d. h. die letzte Betriebsleistungseinheit, die schließlich alle Kosten zu tragen hat und auf die alle Kosten umzurechnen sind, um dem Erlös gegenübergestellt zu werden.

Die Betriebsleistung des Straßenbahnbetriebes besteht darin, daß Wagen und damit Plätze über eine bestimmte Strecke mit einer gewissen Geschwindigkeit zum Zwecke der Personen- oder Güterbeförderung gefahren werden. Als Betriebsleistungseinheit ergibt sich damit die Fahrleistungseinheit: „Wagenkilometer" bzw. „Platzkilometer", also das Produkt aus: 1 Wagen bzw. 1 Platz und 1 Kilometer.

Es ist jedoch zweckmäßig und sowohl im Schrifttum als auch in der Praxis üblich, statt des Begriffes „Wagenkilometer" die Einheit „Rechnungswagenkilometer" zu benutzen.[1] Das rührt daher, daß grundsätzlich zwei verschiedene Wagenarten für die Betriebsleistung benutzt werden: Die Triebwagen und die Anhänge- oder Beiwagen. Da ein Beiwagen gegenüber einem Triebwagen meist halb soviel Bedienungspersonal (einen Schaffner gegenüber einem Schaffner plus einem Fahrer), ferner etwa halb so hohe Stromkosten

---

[1] Die Praxis bezeichnet diese Einheit meist mit „Rechnungskilometer" (Rkm).

wegen des etwa halben Gewichtes und schließlich auch nur halb so hohe Kapitalkosten wegen des ungefähr halben Beschaffungspreises, also nur etwa halb so hohe Betriebskosten erfordert,[1] ist es üblich, 1 Triebwagen = 2 Beiwagen = 1 Rechnungswagen zu setzen.[2] Das Produkt aus einem Rechnungswagen und einem Kilometer Streckenlänge ergibt dann die Einheit „Rechnungswagenkilometer" (RWkm), so daß beim Betrieb mit einem Anhängewagen 1 Zugkilometer = 1,5 RWkm ist. Genau genommen müßte man diese Einheit „Rechnungswagen-Nutzkilometer" nennen, da für die Betriebsleistung begreiflicherweise nur die nutzbare Betriebsstrecke zugrunde gelegt werden darf. Und in diesem Sinne wird in der Folge diese Einheit benutzt.

Entsprechend kann man in der Kostenrechnung auch statt des Begriffes „Platzkilometer" als Einheit den „Rechnungsplatzkilometer" (RPlkm) verwenden. Dabei geht man so vor, daß man zunächst die Kosten für einen RWkm ermittelt und das Ergebnis durch die Zahl der verfügbaren Plätze dividiert. Die Einführung dieses Begriffes ist erforderlich mit Rücksicht auf die verschiedenen Wagengrößen; ferner wird sie benutzt für Vergleiche zwischen Platzangebot und Platznachfrage oder zur Feststellung der prozentualen Platzausnutzung.[3]

Neben der Betriebsleistungseinheit ist noch die Verkehrsleistungseinheit festzulegen: Die Einheit der Verkehrsleistung ist das „Personenkilometer" (Pkm); es ergibt sich aus der Multiplikation der Anzahl der bezahlten Personenfahrten (Beförderungsfälle) mit dem mittleren Reiseweg je Fahrgast in Kilometern. Diese Einheit kann auch aus der Einheit „Platzkilometer" entwickelt werden, indem man die Platzausnutzung berücksichtigt, was insbesondere für Vergleichsrechnungen wichtig ist. Multipliziert man die Kosten des Platzkilometers mit dem prozentualen Platzausnutzungsgrad, so erhält man die Kosten des Personenkilometers.

Aus der Inbeziehungsetzung der Verkehrsleistung zur Betriebsleistung läßt sich entsprechend der Ausnutzungsgrad oder Wirkungsgrad ermitteln, wenn man die Personenkilometer durch die Wagenkilometer bzw. Rechnungswagenkilometer teilt.

Neben diesen für unsere Zwecke in erster Linie wichtigen Leistungseinheiten findet man noch die Einheiten „Tonnenkilometer" (tokm) (besonders für Stromverbrauchsrechnungen) und „Achskilometer" (hauptsächlich für Kontrolle der Gleisabnutzung). —

[1] Vgl. „Strommenger", a. a. O., S. 9.

[2] Mitunter findet man auch — erfahrungsmäßig ermittelt — die Bezeichnung: 1 Beiwagen = 0,65 Triebwagen (insbesondere für Zwecke der Stromkontrolle), abgesehen von besonderen Verhältnissen, wie z. B. bei der Verwendung sogenannter „stockhoher", d. h. zweistöckiger oder besonders kleiner bzw. besonders großer Anhänger usw.

[3] Böhm: a. a. O., S. 8.

Außer den Leistungseinheiten sind die zu benutzenden Längenbegriffe festzulegen, die im Straßenbahnbetriebe von Bedeutung sind:

Die „Betriebslänge" ist die Summe aller Strecken der Bahnanlage, auf denen fahrplanmäßige Linien tatsächlich betrieben werden, wobei es außer Betracht bleibt, ob die Strecken ein- oder mehrgleisig verlegt sind.[1]

Die „Bahnlänge" ist die Summe aller außerhalb der Bahnhöfe, Werkstätten usw. verlegten Strecken, und zwar ebenfalls ohne Rücksicht auf ein- oder mehrgleisigen Ausbau. Sie ist um weniges größer als die Betriebslänge, weil sie außer dieser noch die Zufahrtsgleise von und zu den Bahnhöfen, Rangier- und Abstellgleise usw. umfaßt.

Die „(Gesamt-) Linienlänge" ist die Summe der Längen aller einzelnen Linien, wobei jede Teillinienlänge so oft gezählt wird, als Linien über sie hinweggehen.

Die „(Gesamt-) Gleislänge" ist die Summe sämtlicher Gleisstrecken, eingleisig gemessen. —

Schließlich sind noch die Geschwindigkeitsbegriffe festzulegen:

Die „Höchstgeschwindigkeit", wobei zu unterscheiden ist zwischen der technischen Höchstgeschwindigkeit, d. h. der maschinentechnisch erreichbaren höchsten Geschwindigkeit des Streckenbahnwagens oder -zuges und der zulässigen Höchstgeschwindigkeit, wobei hier nur die letztere interessiert.

„Höchstgeschwindigkeit" in diesem Sinne ist die Geschwindigkeit, die auf Grund der Polizei- oder Betriebsvorschriften auf der Strecke überhaupt zugelassen ist.[2] Es ist klar, daß sie im normalen Straßenverkehr zwischen zwei Haltestellen nur vorübergehend zu erreichen ist und meist auch unter der technischen Höchstgeschwindigkeit liegt.

Die „Fahrgeschwindigkeit", genauer die Fahrgeschwindigkeit zwischen zwei benachbarten Haltestellen, ist die mittlere Geschwindigkeit zwischen zwei Haltestellen, also der Quotient aus Haltestellenentfernung und Fahrzeit für diesen Streckenabschnitt.

Die „Beförderungsgeschwindigkeit"[3] oder „Reisegeschwindigkeit" (ohne Endaufenthalte)[4] ist die „durchschnittliche Geschwindigkeit" zwischen den beiden Endpunkten einer fahrplanmäßigen Linie.

---

[1] Vgl. auch die Beispiele des Verbandes Deutscher Verkehrsverwaltungen (Strommenger, a. a. O.).

[2] Im Deutschen Reich nach der Straßenbahn-, Bau- und Betriebsordnung vom 13. November 1937 (RGBl. I, S. 1247) [BOStrab] geregelt, wonach die Entscheidung der jeweils örtlich zuständigen Genehmigungs- und Aufsichtsbehörde überlassen ist.

[3] Terminologie von Devin.

[4] Terminologie von Böhm.

Die Reisegeschwindigkeit mit Endaufenthalten ist die vorgenannte Beförderungsgeschwindigkeit unter Berücksichtigung der an den Endpunkten der Linie zum Umwenden der Züge, zum Aufrunden der Linienfahrzeit zwecks Erreichung der fahrplanmäßigen Zeitabstände und zum Ausgleich für unvorhergesehene Aufenthalte und Verzögerungen während der Fahrt notwendigen Endaufenthalte.

Die Reisegeschwindigkeit in diesem Sinne ist für unser Rechenwesen der wichtigste unter den hier genannten Geschwindigkeitsbegriffen, weil sie von wesentlichem Einfluß auf einige der wichtigsten Kostenarten, auf die Ausnutzung des Wagenparkes und des Fahrpersonals ist.[1] Aus den verschiedenen Begriffen und Einheiten lassen sich noch einige weitere ableiten, die für die Selbstkostenrechnung von Wichtigkeit sind, und zwar im Hinblick auf die Frage der Abhängigkeit der Selbstkosten vom Beschäftigungsgrad, d. h. der „Leistungsdichte" innerhalb eines bestimmten Zeitraumes:

Unter „Verkehrsdichte" versteht man das Verhältnis der gefahrenen Wagenkilometer zur Betriebslänge. Die Verkehrsdichte gibt also die wagenkilometrische Leistung je Streckenkilometer oder die durchschnittliche Anzahl der Wagenfahrten, bezogen auf die gesamte Betriebslänge oder Linienlänge bzw. Abschnitte dieser Längen.

Aus dieser Einheit kann man auch das zeitliche Intervall der Betriebsleistungen ermitteln, indem man sie in Beziehung zur Dauer der Betriebsschicht setzt. Auch dieses Intervall wird in der Praxis mit „Verkehrsdichte" bezeichnet.

Als Maßstab zu dem Beschäftigungsgrad eignet sich der Begriff „Verkehrsdichte" weder in dem einen noch in dem anderen Sinne, denn in dem ersten Falle ergibt sich die Beziehung Wagen je Zeiteinheit, im zweiten Falle Minutenzahl je Wageneinheit.

Der Beschäftigungsgrad als Maßzahl für die Leistungsdichte muß aber genau gemessen werden in „Leistungseinheiten je Zeiteinheit". Damit ergibt sich als Maßstab für die Leistungsdichte die „Anzahl der Betriebsleistungseinheiten", also der Rechnungswagenkilometer oder der Platzkilometer je Zeiteinheit, wenn man die Selbstkosten der angebotenen Leistungseinheiten ermitteln will, bzw. die Anzahl der „Verkehrsleistungseinheiten", also der Personenkilometer je Zeiteinheit, wenn man die Selbstkosten der verkauften Leistungseinheiten unter Umlegung der Kosten der unverwerteten Leistungseinheiten berechnen will.

Der Einwand, daß diese beiden Maßstäbe nicht brauchbar seien,[2] greift mit seiner Begründung nicht durch, sofern er nicht auch gegen die Maßstäbe in Industriebetrieben gerichtet wird. Auch hier legt man je nach dem Zweck der Rechnung die Gesamtsumme der

---

[1] Vgl. Böhm (a. a. O., S. 9).

[2] Bock (a. a. O., S. 68).

erzeugten Leistungseinheiten für Kunden- und Lageraufträge oder nur die bestellten Leistungseinheiten zugrunde, auch hier werden vielfach die Abschreibungen auf die nicht oder schwer absetzbaren Lagerfabrikate in die Selbstkosten eingerechnet.

Die weiteren Begriffe und Rechnungsgrößen, die in den nachstehenden Ausführungen Verwendung finden, werden an Ort und Stelle, soweit es erforderlich erscheint, klargestellt.

## 2. Größen, die die Ertragserzielung beeinflussen.

### a) Grundsätzliches.

Im allgemeinen sind es zwei Werte, die bei der Frage der Rentabilität einer Unternehmung eine ursächliche Rolle spielen:

die Elastizität des Angebotes und die Elastizität der Nachfrage.[1]

**Die Elastizität des Angebotes.** Im großen und ganzen hat die Straßenbahn eine, wenn auch beschränkte Monopolstellung (vgl. S. 16 bzw. 20). Daran ändert auch die Konkurrenz der übrigen Verkehrsunternehmen wenig. Daß sie unentbehrlich ist, bzw. in welchem Maße sie das ist, wird an anderer Stelle dargelegt.[2]

Da sie sich entweder im Besitz der öffentlichen Hand befindet oder doch, soweit das nicht der Fall ist, auch für sie die g'eichen scharfen gesetzlichen Vorschriften gelten, wie sie das Gesetz für jedes dem öffentlichen Verkehr dienende Unternehmen vorsieht,[3] kann von einer privatwirtschaftlichen Ausnutzung dieser Monopolstellung kaum die Rede sein.

Wenn wirtschaftliche Umstände es erfordern, kann die Straßenbahn ihren Apparat teilweise einschränken und kann anderseits auch ihre „Produktivität“[4] steigern, wenn das Verkehrsbedürfnis es erfordert. Beides aber kann sie nur in begrenztem Maße tun. Eine Streckenvermehrung ist nicht immer angängig, auf keinen Fall aber sofort mit dem Eintritt des erhöhten Bedürfnisses zu bewerkstelligen. Ebenso dürfte trotz vorhandenen Reservepersonals die Zurverfügungstellung einer genügenden Anzahl sofort dienstfähiger, d. h. entsprechend für den speziellen Fall geschulter Angestellter auf praktische Schwierigkeiten stoßen.

Von einer großen Elastizität des Angebotes kann also nicht die Rede sein.

**Die Elastizität der Nachfrage.** Die Nachfrage (das Bedürfnis, die Straßenbahn zu benutzen) ist zweifellos eine dringliche. Das Verkehrsbedürfnis ist bestimmt kein Luxusbedürfnis.

---

[1] Es ist die Elastizität maßgebend für die Preise, die ihrerseits den Grenzbetrieb bestimmen; die Rentabilität aber wird bestimmt durch die Differenz der eigenen Selbstkosten von denen des Grenzbetriebes.

[2] S. S. 17 bzw. 20.

[3] BOStrab vom 13. November 1937, § 1.

[4] „Produktivität“ (im Sinne Sombarts) = „Leistungsfähigkeit“.

Soweit die Überwindung längerer Strecken in Frage kommt, wie es in der Großstadt überwiegend der Fall ist, ist der Großteil der arbeitenden minderbemittelten Bevölkerung zwangsläufig auf die Benutzung öffentlicher Verkehrseinrichtungen angewiesen. Zwar wird bei allzu hohen Fahrpreisen ein Teil der Fahrgäste den Weg von der Wohnung zur Arbeitsstätte zu Fuß zurücklegen oder das Fahrrad benutzen, aber dieser nur aus der Not gewählte „Ausweg" bedeutet nicht, daß die Benutzung der öffentlichen Verkehrsmittel, und dabei aus „Billigkeits"-Gründen in erster Linie der Straßenbahn, leicht entbehrlich sei.

Daß dem nicht so ist, kommt ja auch darin zum Ausdruck, daß der Staat die Tarifgestaltung überwacht und von seiner Genehmigung abhängig macht.

Wenn wir die Frage der Elastizität des Angebotes und der Nachfrage im Rahmen unserer Arbeit besprechen, müssen wir von der verkehrstechnischen Entwicklung, der städtebaulichen Entwicklung und dem Einfluß der allgemeinen Wirtschaftslage ausgehen. Daß darüber hinaus auch die Witterung eine maßgebliche Rolle spielt, wird am gegebenen Ort gleichfalls erörtert werden.

### b) Verkehrstechnische Entwicklung.

Der Einzelpersonenverkehr nimmt — abgesehen von allgemeinen Krisenzeiten — ständig zu. Damit ergibt sich ein Näherrücken an die Grenze der Leistungsfähigkeit der Großstadtverkehrswege.

Von großer Wichtigkeit ist dabei die Frage, wieviel Straßenraum von der Benutzung der verschiedenen Verkehrsmittel je befördertem Fahrgast beansprucht wird. Entsprechende Untersuchungen zeigen, daß die Straßenbahnen in dieser Hinsicht am günstigsten abschneiden.[1]

Welche Rolle der Straßenbahn im Stadtverkehr zufällt, zeigt besonders eindringlich das Beispiel Berlins. Im Jahre 1900 bewältigte die Berliner Straßenbahn den größten Teil des Verkehrs, und noch in der unmittelbaren Vorkriegszeit entfielen 51% des Gesamtverkehrs auf sie. Daß sie auch heute noch trotz des Wettbewerbes durch den Kraftwagen im Stadtverkehr vorherrscht,[2] hat verschiedene Gründe:

Einmal sind die Anlagekosten im Vergleich zu S.- oder U.-Bahn verhältnismäßig gering, und dann ist auch der Betrieb vor allem im Vergleich zum Kraftomnibus verhältnismäßig billig und wirtschaftlich.

---

[1] Lademann: „Die Straßenbahn in der Weltstadt" in „Probleme der neuen Stadt Berlin" (Brennert & Stein, Deutscher Kommunalverlag, Berlin 1926, S. 371).

[2] 1934: 42% des gesamten öffentlichen Personennahverkehrs, 82% des gesamten Oberflächenverkehrs, und 1937: 40% bzw. 78% (Thomas, a. a. O., S. 37).

Im Jahre 1925 verfügte die Berliner Straßenbahn über 540 km Streckenlänge und war mit 54% an der Bewältigung des Stadtverkehrs beteiligt. Die entsprechenden Zahlen für 1937 lauten 571 km bzw. 40%.

Ihr gegenüber hat der Omnibus trotz seiner geringeren Anlagekosten den Nachteil des relativ geringen Fassungsvermögens; und wenn man vielfach den Omnibus als das Verkehrsmittel der Zukunft bezeichnet, kommt man vielleicht dadurch zu falschen Schlüssen, daß die Straßenbahn im Kern mancher europäischer Großstädte verschwunden ist. Zu beachten ist immerhin, daß in der größten europäischen Metropole, in der Londoner Innenstadt (ganz abgesehen von den Vororten), immer noch Straßenbahnen verkehren und ihr Anteil am Gesamtverkehr immerhin rund 30% beträgt. Absolut gesehen ist der Londoner Straßenbahnverkehr nicht geringer als der Berliner.[1] Und wenn auf Wien oder Paris verwiesen wird, ist dagegen zu sagen, daß in Wien der straßenbahnfreie Kern einen relativ so geringen Teil der gesamten Verkehrsoberfläche ausmacht, daß er recht unerheblich ist, während in Paris ganz besondere verkehrspolitische Momente für die Einstellung des Straßenbahnbetriebes ursächlich waren, so daß sie nicht als symptomatisch zu werten sind.

Ein vollkommener Ersatz der Straßenbahn durch den Omnibus würde zu Verkehrshemmungen führen, weil eine Vermehrung der Omnibusse über eine gewisse Grenze hinaus die Straßen verstopfen würde, ohne das Verkehrsbedürfnis genügend befriedigen zu können. In London mußte beispielsweise im Frühjahr 1926 der Omnibusverkehr eingeschränkt werden, da seine Dichte den übrigen Fahrverkehr vollkommen lahmlegte.

Die Hoch- und Untergrundbahn aber leidet an den hohen Anlagekosten, und Stadtbahnen sind, soweit sie als Hochbahn geführt werden, durch das Häusermeer verkehrstechnisch an der wünschenswerten Entwicklungsmöglichkeit stark gehemmt.

Zusammenfassend ergibt sich aus alledem, daß die Straßenbahn — zumindest in der nahen Zukunft — weiter bestehen bleiben wird. Sie fährt im allgemeinen am billigsten und hat den Vorteil des großen Fassungsraumes; sie wirkt, wenn sie den eigenen Bahnkörper benutzt, eher verkehrsregelnd als -hemmend, da sie „richtunggebend" ist.

Wenn im Interesse eines geregelten Großstadtverkehrs jeder eigenbrötlerischen Bürokratie entgegengetreten wird, steht der Beibehaltung der Straßenbahn um so weniger im Wege, je mehr sie ständig auf „Rationalisierung" (im besten Sinne dieses etwas anrüchig gewordenen Wortes) ihres Betriebes bedacht ist.

Bei völliger organischer Verschmelzung verschiedener Verkehrsunternehmen ein und derselben Gemeinde, wie dies z. B. in Berlin

---

[1] Lademann (a. a. O.).

der Fall ist, ergibt sich allerdings eine kompliziertere Kalkulation und die Notwendigkeit, ein besonderes Verrechnungskonto einrichten zu müssen.

### c) Die städtebauliche Entwicklung.

Die Organisation eines Straßenbahnunternehmens wird, wie bereits angedeutet, nicht zuletzt von der Gestaltung des Stadtbildes beeinflußt.

Die ersten Verkehrsanlagen werden naturgemäß durch den bereits vorhandenen Stadtgrundriß, durch die Straßenführung usw. bestimmt, die weitere Stadtentwicklung aber ihrerseits wieder, neben anderen Bestimmungsfaktoren, auch durch bestehende bzw. geplante Verkehrseinrichtungen. Wenn es bei uns in Deutschland auch nicht so ist, wie etwa in den Vereinigten Staaten von Nordamerika, wo Stadtgründungen längs der oft recht „großzügig" angelegten Bahnstrecken erfolgen, so findet man doch manchenorts bei der Aufstellung eines neuen Siedlungsplanes den Gedanken, die vorhandenen Verkehrsanlagen bei der Planung zu berücksichtigen. Vordringlich ist selbstverständlich immer der sozialpolitisch bedingte Siedlungsplan; ihm hat sich die Verkehrspolitik unterzuordnen.

Nach der Stadtstruktur bestimmt sich das Verkehrsbedürfnis, wobei unter „Stadtstruktur" einmal die bauliche Struktur, also die Anordnung der Straßen und des zur Verfügung stehenden Baugrundes, zum anderen die wirtschaftliche Struktur, d. h. die Anordnung der Standorte, der Wohnviertel, die schwächere oder stärkere „Agglomeration" von Bewohnern mit großem, d. h. relativ großem Einkommen und Vermögen zu verstehen ist.

Die Entwicklung des Verkehrsbedürfnisses wird gar nicht so selten durch die bauliche Struktur der Stadt gehemmt; die bauliche Struktur aber wird ebenso mitunter durch vorhandene Verkehrsanlagen zwangsläufig eine Änderung erfahren.

Bereits bestehende kostspielige Kanalanlagen, Bahnkörper, Streckenführungen usw. verlangen vielfach, daß Straßenführungen, Bauweisen und Baumaterialien entsprechend gewählt werden.

Beide genannten Faktoren — Stadtstruktur wie Verkehrsstruktur — beeinflussen sich also wechselseitig. Primär ist wohl die Stadtstruktur, doch kann eine bereits bestehende Verkehrseinrichtung,[1] insbesondere wenn ihre Herstellung hohen Kapitalaufwand erforderte, bedingend für den weiteren Ausbau des Stadtbildes sein.

Hierbei werden verschiedene Umstände mitsprechen:

Die Finanzlage der betreffenden Gemeinde, sozialpolitische Belange, staatliche Eingriffe auf Grund von Entschlüssen der obersten Volksführung (Berlin, Hamburg) u. a. m.

---

[1] Angelegt zur Befriedigung eines als notwendig erkannten Verkehrsbedürfnisses (z. B. Verbindung von Stadt und Vorstadt).

Das Verkehrsbedürfnis steht also zweifellos in engem Zusammenhang mit der städtebaulichen Entwicklung: Diese aber ist historisch bedingt und — in ihrem weiteren Verlauf — auch bedingt durch die Technik, wie durch kulturell-zivilisatorische, soziale und wirtschaftliche Gegebenheiten. Auch hinsichtlich des städtebaulichen Werdens kennen wir einen „Trend“, sowie jahreszeitliche und andere („saisonale“ wie rein konjunkturelle) Schwankungen. Im selben Maße wie das Verkehrsbedürfnis im Verlaufe der wirtschaftlichen Wellenbewegung sich gestaltet, entsteht ein neuer Plan des Stadtbildes; im selben Maße wie die Verkehrsänderung auf längere oder kürzere Sicht geplant wird, hinkt die bauliche Änderung der Verkehrsentwicklung nach oder sie läuft ihr voraus.

Auch das Stadtbild der größten reichsdeutschen Wohngemeinde, der Reichshauptstadt, wurde beispielsweise durch die Gestaltung der Verkehrseinrichtungen nicht unwesentlich beeinflußt.[1]

Von noch weitergehendem Einfluß auf die Gestaltung des Stadtbildes als die verkehrstechnische Entwicklung, wie etwa die Elektrifizierung der Straßenbahnen, ist aber die Entwicklung der Tarifgestaltung.

Von ihr werden Wohnungs-, Grundstücks- und Arbeitspolitik beeinflußt. Die Tatsache, daß Verkehrslinien bestehen und Verbindungen zwischen den verschiedenen Punkten der Wohn- und Geschäftsgegenden hergestellt werden, ist dabei von keinem oder nur geringem Einfluß. Der Preis, zu dem die Leistungseinheiten dieser Verkehrseinrichtungen zur Verfügung gestellt werden, ist das Ausschlaggebende. Lord Balfour (bekanntlich einer der erfolgreichsten englischen Kommunalpolitiker) hat schon vor Jahren anläßlich der Eröffnung der Straßenbahn in London den Ausspruch getan, es würde keine Häufung und damit keine Verkehrsschwierigkeiten im Herzen der großen Volksviertel geben, wenn alle Verkehrsinteressenten ohne hohe Ausgaben und mit unbeschränkter Geschwindigkeit von den Außenbezirken in die Innenstadt befördert werden könnten.[2]

### d) Allgemeine wirtschaftliche Lage und außerwirtschaftliche Einflüsse in Wechselwirkung auf den Verkehrsbetrieb und seine Betriebsleistungen.

Von großem Einfluß auf die Gestaltung der Wirtschaftsführung und damit auch auf das Rechnungswesen der Straßenbahnbetriebe ist weiter die allgemeine Wirtschaftslage:

Mit zunehmender wirtschaftlicher Belebung steigt das Verkehrsbedürfnis, während es in Krisenzeiten in fast genau reziprokem Verhältnis steht zur Zunahme der Arbeitslosenziffer (s. Abb. 1). Ent-

[1] G. Thomas: Wirtschaft, Nahverkehr und Städtebau, gezeigt am Beispiel der Reichshauptstadt, Berlin (S. 29).

[2] G. Thomas: Wirtschaft, Nahverkehr usw. (S. 30).

sprechend ändern sich auch die Kosten für Strom, Materialien usw. Der Kernpunkt der Untersuchung liegt in der Gegenüberstellung der „Indizes" der Betriebsausgaben und der jeweiligen durchschnittlichen Beförderungspreise, für die wiederum die durch die Wirtschaftslage bedingten Einkommenverhältnisse von Bedeutung sind.

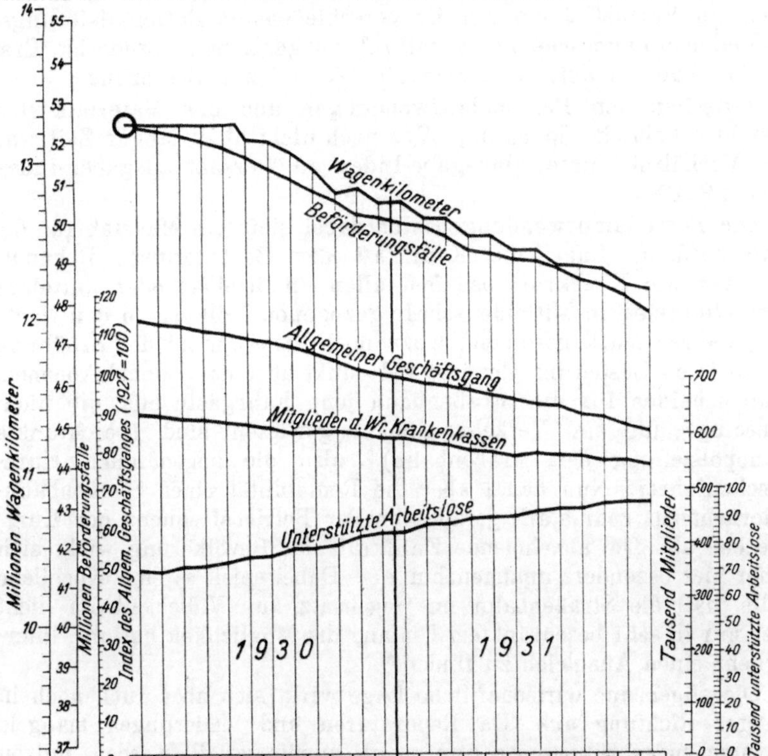


| Monat | J | F | M | A | M | J | J | A | S | O | N | D | J | F | M | A | M | J | J | A | S | O | N | D |
|---|---|---|---|---|---|---|---|---|---|---|---|---|---|---|---|---|---|---|---|---|---|---|---|---|
| Mill. Wagenkm. | 13·2 | 13·2 | 13·2 | 13·2 | 13·2 | 13·1 | 13·1 | 13·0 | 12·9 | 12·8 | 12·8 | 12·7 | 12·6 | 12·6 | 12·6 | 12·5 | 12·5 | 12·4 | 12·4 | 12·3 | 12·3 | 12·3 | 12·2 | 12·2 |
| Mill. Beförd:Fälle | 52·2 | 52·2 | 52·0 | 51·9 | 51·7 | 51·5 | 51·1 | 51·0 | 51·7 | 50·5 | 50·3 | 50·2 | 50·0 | 49·9 | 49·5 | 49·2 | 49·2 | 49·0 | 49·1 | 48·9 | 48·8 | 48·5 | 48·2 | 47·9 |
| Indexziffer * | 1111 | 1112 | 1106 | 1099 | 1095 | 1085 | 1074 | 1062 | 1049 | 1034 | 1020 | 1000 | 992 | 980 | 965 | 954 | 943 | 933 | 921 | 907 | 895 | 882 | 870 | 853 |
| Tausend Mitglieder | 6339 | 6325 | 6308 | 6293 | 6268 | 6244 | 6216 | 6188 | 6160 | 6129 | 6098 | 6056 | 6013 | 5972 | 5928 | 5887 | 5848 | 5812 | 5774 | 5733 | 5692 | 5648 | 5598 | 5555 |
| Tausend Arbeitslose | 680 | 687 | 694 | 705 | 718 | 733 | 748 | 754 | 779 | 796 | 814 | 883 | 849 | 862 | 876 | 888 | 898 | 908 | 921 | 934 | 943 | 950 | 957 | 965 |

**Abb. 1. Verkehr, Betrieb und Wirtschaft.**

Tendenzlinien: Sie ergeben sich aus dem Verlauf der jeweils letzten 12 Monatswerte und zeigen die Richtung der Entwicklung an. Nach den Indexziffern des allgemeinen Geschäftsganges (1927 = 100) aus den Monatsberichten des Österreichischen Instituts für Konjunkturforschung.

Wenn man für die unmittelbare Vorkriegszeit (1913) die Summe aller Betriebsausgaben = 1 setzt, betrugen in der späteren Nachkriegszeit — anteilmäßig umgerechnet —

die Personalausgaben . . . . . . . . . . 0,54
die Materialausgaben, d. h. hauptsächlich Kohle, Eisen, Metalle und Öle . . 0,46.[1]

[1] Helm: a. a. O.

Multipliziert man diese Anteile mit der jeweiligen Preissteigerung und addiert die Produkte, erhält man den „Betriebsausgaben-Index", der für das betreffende Wirtschaftsjahr kennzeichnend ist. Die Statistik zeigt, daß die Beförderungspreise im allgemeinen hinter den Kosten für die Beförderungsleistung zurückgeblieben sind, ein Verlust, der durch die verschiedensten Rationalisierungsmaßnahmen kaum oder nur vereinzelt ausgeglichen worden ist. Erst in der neuesten Zeit zeigt sich ein Wandel zur Besserung.

Zwischen den Personalaufwendungen und den Materialkosten besteht erhebliche Spannung. Vor noch nicht allzu langer Zeit war das Verhältnis Materialausgabe-Index zu Personalausgaben-Index etwa 1,9:1.[1]

Die Personalaufwendungen sind dabei stets ein Maßstab für die wirtschaftliche Lage, die Kaufkraft der Bevölkerung. Bekanntlich war die Kaufkraft bei fast allen unmittelbar oder mittelbar vom Weltkrieg in Mitleidenschaft gezogenen Völkern in den Nachkriegsjahren stark gesunken, wozu noch erschwerend die Erhöhung der sozialen Lasten ins Gewicht fiel; sinkt aber das Lohneinkommen, dann scheiden für die Straßenbahn jene Fahrgäste aus, die nicht unbedingt auf ein Verkehrsmittel angewiesen sind (beschränkte Monopolstellung der Straßenbahn),[2] also die sogenannten Kurzstreckenfahrer. Nun hängt aber die Rentabilität eines Straßenbahnunternehmens sehr stark gerade von der Betriebsfrequenz der Kurzstrecken ab. Die abnehmende Kaufkraft der Bevölkerung wirkt sich daher hier besonders unangenehm aus. Dabei spielt es eine erhebliche Rolle, daß die Straßenbahn im Gegensatz zur Volleisenbahn nicht oder nur in sehr beschränktem Umfang die Möglichkeit hat, im Güterverkehr einen Ausgleich zu finden.[3]

Die allgemeine wirtschaftliche Lage wirkt sich aber auch noch in anderer Richtung aus: Da Reparaturen und Änderungen mangels entsprechender Einnahmen nur zu oft zurückgestellt werden, nutzen sich die Anlagen und Betriebsmittel stärker ab, so daß ein Leistungsrückgang erfolgt. — Auch technische Neuerungen müssen infolge mangelnder Mittel nicht selten zurückstehen.

Im Vordergrund aber stehen doch die Ausfälle infolge des Mißverhältnisses zwischen den Gestehungskosten der Verkehrsleistung und der verringerten Kaufkraft der Bevölkerung.

Die heutige Wirtschaftslage ist durch den Zwang gekennzeichnet, eine Anzahl nötiger Materialien und Stoffe durch Neuwerkstoffe[4] ersetzen zu müssen, was stets viele und kostspielige Versuche notwendig macht. Dadurch erfährt dann auch das Rechen-

[1] Helm: a. a. O., S. 14.

[2] S. S. 14 zu Ziff. 2 a.

[3] Als einzige deutsche Straßenbahn betreibt unseres Wissens die der Stadt Hannover einen regelmäßigen Güterverkehr.

[4] Buna, Kunstharze u. dgl.

werk von der Materialseite her eine Belastung. Zu den ständigen Konten für Versuchsarbeiten treten neue für Materialprüfung, und zwar in einem Ausmaße, wie das bisher unbekannt war. Während früher die Streckenversuche überwogen, nehmen heute Laboratoriumsexperimente chemisch- bzw. physikalisch-technischer Art einen wesentlichen Raum ein.

Die wirtschaftliche wie völkische Neugestaltung (Sperrung des Zuzuges nach der Stadt, erhöhte Arbeitsbeschaffung, verstärkte Ausflugsbelebung im Sinne der „Kraft-durch-Freude"-Bewegung, intensivere sportliche Erziehung und dadurch Belebung der Sportplätze, die oft außerhalb der Stadt liegen u. a. m.) macht auch neue Versuche mit geänderten Streckenführungen notwendig, obschon einem Zuviel von Experimenten, wie es früher nur zu häufig war, entgegengetreten wird. Auch hieraus ergibt sich die Notwendigkeit einer Kontenerweiterung bzw. -vermehrung.

Da der private Betrieb heute in viel stärkerem Maße als Glied der Gesamtwirtschaft in die Erscheinung tritt, muß die Betriebsführung ihr Rechenwesen viel verantwortlicher gestalten. Es muß der engeren Verbindung zwischen Allgemeinwirtschaft und privatem Betrieb besser angepaßt werden, muß mehr Klarheit bringen, d. h. die Berechtigung der einzelnen Posten zweifelsfrei erkennen lassen. Dabei kommt es nicht immer einzig und allein darauf an, daß rein „ökonomisch" im Sinne des „Nutzenprinzips" verfahren wird:

Die neue Zeit ist von dem uneingeschränkten Grundsatz, daß jeder Zweck mit einem Mindestaufwand an Mitteln erreicht werden muß — das „ökonomische Prinzip" der liberalistischen Doktrin —, abgerückt.

„Der Nationalsozialismus", sagt der Präsident des Hansabundes, „hat demgegenüber auch in der Wirtschaft die starke Einwirkung irrationaler Kräfte erkannt. Nicht Profitmachen, sondern Ehre, Volkstum, Blutgemeinschaft, beherrschen alle Funktionen des menschlichen Seins, also auch die Wirtschaft."[1]

Es wird demnach nicht so sehr darauf ankommen, daß der Straßenbahnbetrieb den größtmöglichen „Profit" erbringt, als vielmehr darauf, daß er im Wirtschaftsganzen ein Höchstmaß an Leistungen erzielt, sich zweckdienlichst dem Wirtschaftsganzen einordnet.

So soll beispielsweise der Tarif nicht nur nach Zweckmäßigkeitsgesichtspunkten des Unternehmens, sondern mehr noch in Hinblick auf die Gesamtwirtschaft gestaltet werden. Der Tarif darf weder zu einer Schädigung des örtlichen Gewerbes noch zu einer Durchkreuzung einer an öffentlichen Belangen ausgerichteten Siedlungspolitik führen. Desgleichen muß bei einer geplanten Arbeiterentlassung immer auch die damit verbundene Schädigung der Allgemeinwirtschaft ins Auge gefaßt werden u. dgl. m.

---

[1] Danielcik: Neuaufbau des deutschen Außenhandels, Berlin 1934, S. 7.

Bei der Durchführung eines Straßenbahnbetriebes spielen aber neben rein innerbetrieblichen auch außerwirtschaftliche Größen eine Rolle:

Soweit es sich um Kommunalbetriebe handelt, ist dabei in erster Linie von inner„politischen“ Einflüssen zu sprechen, denen Straßenbahnen, wie jedes andere Gemeindeunternehmen, nicht selten mehr oder weniger unterworfen sind.[1] Wechselnde Mehrheiten im

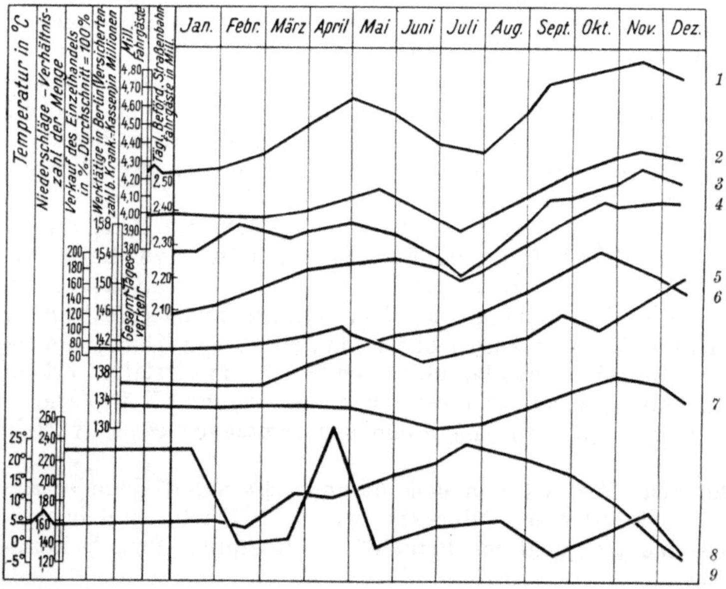


Abb. 2. **Die Verkehrsschwankung und ihre Ursachen.** Mittlerer Verkehr an Werktagen und seine Beeinflussung durch Witterung und Beschäftigungsgrad der Bevölkerung. Aus dem Geschäftsbericht für 1927 der BVG., Berlin.

*1* Tägliche Fahrgäste auf allen Verkehrsmitteln 1927; *2* Tägliche Fahrgäste auf allen Verkehrsmitteln 1926; *3* Tägliche Straßenbahn-Fahrgäste 1927; *4* Tägliche Straßenbahn-Fahrgäste 1926; *5* Monatlicher Verkauf der Einzelhandelsgeschäfte 1927; *6* Durchschnittliche Arbeitnehmerzahl 1927; *7* Durchschnittliche Arbeitnehmerzahl 1926; *8* Niederschläge; *9* Temperatur.

Gemeinde-„Parlament“, etwaige Protektionswirtschaft, stärkere oder weniger starke Betonung der sozialen Aufgaben u. a. m. bewirken, daß auch die Rechnungsgebarung Änderungen erfährt.

Von nicht zu unterschätzender Bedeutung, wenn auch von den Hauptinteressenten, den Fahrgästen, vielleicht am wenigsten beachtet, sind schließlich auch die Witterungseinflüsse, von denen die Betriebsfrequenz der Straßenbahnen weitgehend abhängig ist:

Bei schlechtem Wetter hebt sich naturgemäß die Fahrlust innerhalb der Stadt, bei gutem Wetter sinkt sie. Für den Ausflugsver-

---

[1] Wenigstens soweit es sich um von liberalistisch-parlamentaristischem Gedankengut beherrschte Staaten handelt.

kehr gilt das Gegenteil: Gutes Sonntagswetter bedeutet volle, in Ausflugsgebiete fahrende Wagen. — (S. Abb. 2 u. 3.)

Wir haben schon dargelegt,[1] daß das Verkehrsbedürfnis mit zunehmender Belebung der Wirtschaft steigt. Anderseits kann aber auch die Gestaltung des Verkehrs die Wirtschaft beleben oder hemmen. Fehlende oder unzweckmäßig angelegte Fahrstrecken

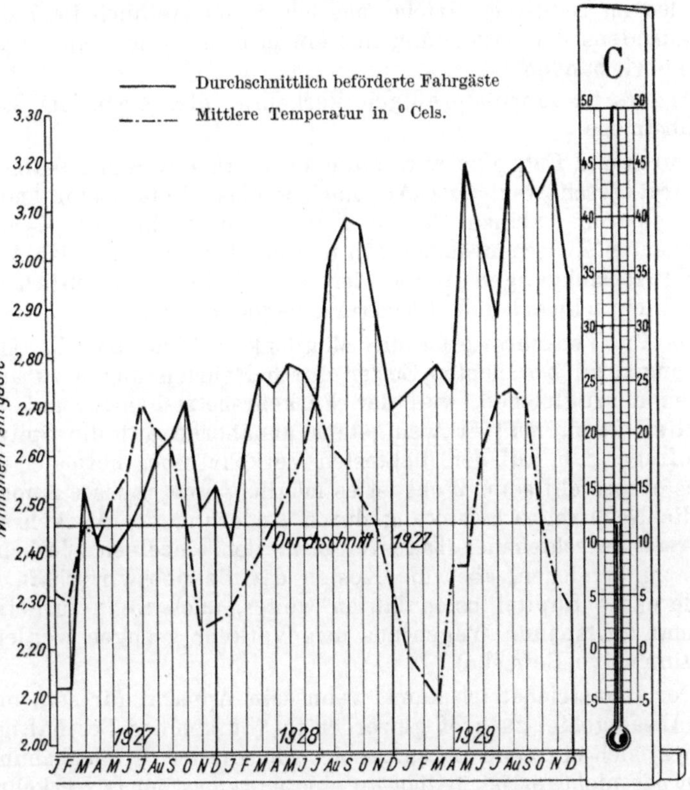


Abb. 3. Der Verkehr an Sonn- und Feiertagen im Verhältnis zu den mittleren Tagestemperaturen. Aus dem Geschäftsbericht für 1929 der BVG., Berlin.

können die Stadtsiedlung, den Arbeitsmarkt usw. beeinflussen. Wir sehen hier im allgemeinen dieselbe Wechselwirkung, die sich auch sonst innerhalb des Wirtschaftsgeschehens beobachten läßt.

Dennoch unterscheidet sich die Verkehrswirtschaft besonders in einem Punkte wesentlich von den übrigen Wirtschaftszweigen, insbesondere von der Industrie: Die Erzeugung der einzelnen Betriebsleistungseinheiten, der Fabrikate, im Industriebetrieb, kann der Nachfrage vorauseilen; es kann sogar auf Lager gearbeitet werden.

[1] Vgl. S. 18 zu Ziff. d.

Die Nachfrage braucht zeitlich nicht mit der Erzeugung zusammenzufallen; für eine gewisse von der Art des Fabrikates abhängige Zeit behalten die Erzeugnisse ihren Marktwert. Die Erzeugung kann auch der Nachfrage nachhinken; die Herstellung des Fabrikates wird nach Auftragseingang in Angriff genommen.

Eine „Phasenverschiebung“ zwischen Erzeugung und Nachfrage ist also im Industriebetriebe möglich, wenn sie auch im Falle des Vorauseilens der Erzeugung mit einem mehr oder weniger großen Risiko verbunden ist.

Anders im fahrplanmäßigen Verkehrs-, also auch dem Straßenbahnbetriebe:

Durch den Fahrplan wird ein dauernd in Bewegung befindlicher Apparat geschaffen, eine Art horizontales „Paternoster“ mit auswechselbaren Kabinen, dessen Teile — die Fahrzeuge — sich in bestimmten Zwischenräumen hin und her bewegen und das Angebot an Betriebsleistungen tragen, dem eine örtlich und zeitlich außerordentlich schwankende Nachfrage gegenübersteht.

Da im Verkehrswesen die Möglichkeit nicht besteht, Minderleistungen zu bestimmten Zeiten durch Mehrleistungen zu anderen Zeiten auszugleichen, weil der Verkehrsbetrieb nicht auf Vorrat arbeiten kann, muß er wenigstens annähernd auf die Spitze der Nachfrage, d. h. auf den dichtesten Verkehr eines normalen Werktages eingestellt sein. Wohl ist es möglich, eine gewisse Anpassung an die Nachfrageschwankung durch Änderung der Verkehrsdichte während verschiedener Tageszeiten an den einzelnen Wochentagen usw. zu erreichen, aber die Kosten der Betriebswirtschaft, insbesondere die Kapitalkosten laufen weiter, auch wenn für eine bestimmte Zeitspanne Wagen aus dem Verkehr gezogen werden (kapitalintensive Betriebe).

Der Industriebetrieb kann, wenn sein Apparat für sein bisheriges Absatzgebiet zu groß geworden ist (Sinken des Beschäftigungsgrades) sich ein neues Absatzgebiet suchen; der Straßenbahnbetrieb kann das nicht, er ist örtlich an eine ganz bestimmte Verkehrszone gebunden und kann seine Betriebsleistungen nicht außerhalb dieses Gebietes absetzen. Er ist im Personenverkehr von den üblichen Verkehrszeiten abhängig und kann nicht, wie die Industrie, seinen Apparat tagsüber und nötigenfalls auch nachts zeitlich gleichmäßig ausnutzen, er kann auch nicht für einen erst zu erwartenden Absatz vorarbeiten, wie etwa Gas- oder teilweise auch Elektrizitätswerke.

Im Verkehrsbetriebe besteht eben die Eigentümlichkeit, daß die Betriebsleistung nur im Augenblick ihrer Erzeugung angeboten werden kann, und daß das Angebot mit der Nachfrage zeitlich und örtlich und der Größe nach zusammenfallen muß, wenn die angebotenen Betriebsleistungseinheiten restlos abgesetzt werden sollen. Eine „Phasenverschiebung“ zwischen Erzeugung und Nachfrage ist im Verkehrsbetriebe ganz allgemein, insbesondere aber im fahrplanmäßigen Linienverkehr, nicht möglich. Während die nicht alsbald abgesetzten Waren des Fabrikanten und Händlers einen, wenn auch vielleich verminderten, gewissen Wert behalten, „können leergefahrene Platzkilometer in keinem Ausverkauf mehr angeboten werden“.[1] Hinzu kommt die Tatsache, daß es sich manchmal nicht vermeiden läßt, über bestimmte Strecken leere Plätze mitzufahren, um an einem bestimmten Ort zu bestimmter Zeit wahrscheinlich nachgefragte Platzkilometer anbieten zu können. Man kann einer solchen örtlichen und zeitlichen Konzentration der Nachfrage nach Beförderung zwar in gewissem Maße durch Einsatzwagen oder Mitführen von Beiwagen zu entsprechen versuchen, aber die Anpassung und damit die Ausnutzung der Betriebsleistungen wird trotzdem immer unvollkommen sein. Das zeigen deutlich die Statistiken des Ausnutzungsgrades des Platzangebotes.

So ist z. B. für die Berliner Straßenbahn

Zahlentafel 2.

| | | | | |
|---|---|---|---|---|
| für 1929 | eine | Platzausnutzung | von | 31,7%, |
| „ 1930 | „ | „ | „ | 31,6%, |
| „ 1931 | „ | „ | „ | 30,7%, |
| „ 1932 | „ | „ | „ | 30,5%, |
| „ 1933 | „ | „ | „ | 28,8%, |
| „ 1934 | „ | „ | „ | 29,8%, |
| „ 1935 | „ | „ | „ | 31,1% |

ermittelt worden.

Natürlich unterliegt die prozentuale Platzausnutzung innerhalb der einzelnen Monate eines Jahres erheblichen Schwankungen, wie aus folgender Statistik der Frankfurter Straßenbahn hervorgeht:

Zahlentafel 3. Prozentuale Platzausnutzung.

| | 1925 | 1926 | 1927 | 1928 |
|---|---|---|---|---|
| April | 35,1 | 30,8 | 33,0 | 33,8 |
| Mai | 33,8 | 30,4 | 31,5 | 32,2 |
| Juni | 32,6 | 30,6 | 30,6 | 29,6 |
| Juli | 30,8 | 28,3 | 30,2 | 28,9 |
| August | 33,0 | 30,5 | 31,8 | 30,2 |
| September | 34,0 | 30,3 | 31,9 | 32,2 |
| Oktober | 34,6 | 31,8 | 33,2 | 32,8 |
| November | 34,3 | 31,8 | 34,7 | 34,2 |
| Dezember | 34,3 | 32,6 | 34,9 | 37,0 |
| Januar | 33,0 | 31,9 | 35,9 | 33,3 |
| Februar | 33,4 | 31,1 | 35,9 | 33,3 |
| März | 30,8 | 31,8 | 32,5 | 33,2 |
| Im Mittel | 33,4 | 31,1 | 32,9 | 32,6 |

[1] Mumssen: a. a. O., S. 51.

Noch auffälliger sind die Schwankungen, die sich als Tagesdurchschnitte ergeben; und die stärksten Unterschiede zeigt der stündliche Ausnutzungsgrad. Natürlich bestehen auch erhebliche Unterschiede zwischen den einzelnen Linien und auf den einzelnen Teilstrecken ein und derselben Linie, womit eines der schwierigst

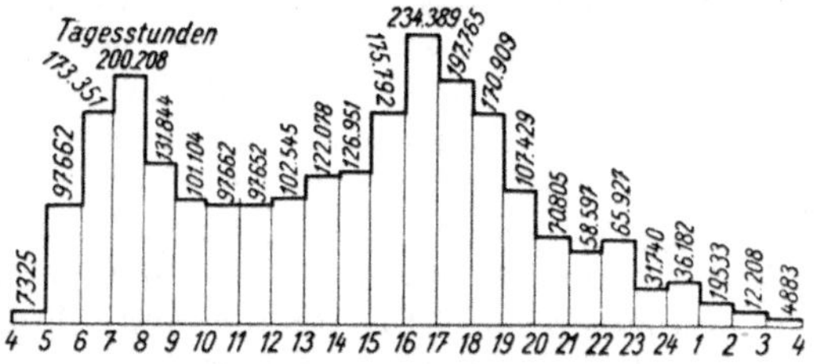


Abb. 4. In den einzelnen Stunden eines Durchschnittstages.

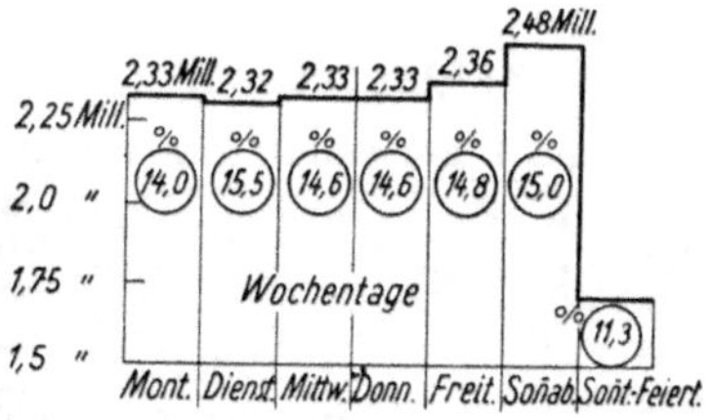


Abb. 5. In den einzelnen Tagen einer Durchschnittswoche.

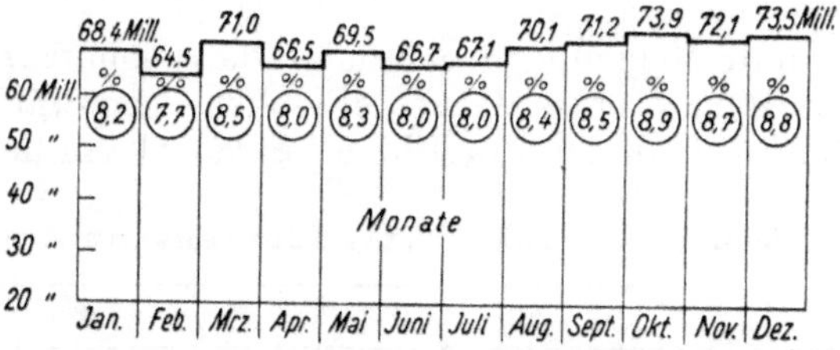


Abb. 6. In den einzelnen Monaten.

**Abb. 4—6. Der Straßenbahnverkehr der Berliner Straßenbahn (nach deren Geschäftsbericht 1927). Beförderungsfälle für verschiedene Zeitabschnitte des Jahres 1927.**

zu lösenden Probleme der Selbstkostenrechnung bei Straßenbahnen gegeben ist und worauf im Abschnitt über die Anwendung des „Kontenrahmens“ noch näher einzugehen sein wird.[1]

Diese starken Schwankungen beruhen, wie bereits bemerkt, auf der starken zeitlichen und örtlichen Verschiedenheit der Nachfrage nach Beförderung, die teilweise regelmäßiger Natur ist, teilweise aber auch durch ganz unregelmäßig auftretende Momente, wie z. B. durch Witterungseinflüsse, bedingt wird. Einige Schaubilder mögen diese Feststellungen belegen:

[1] S. 87 ff.

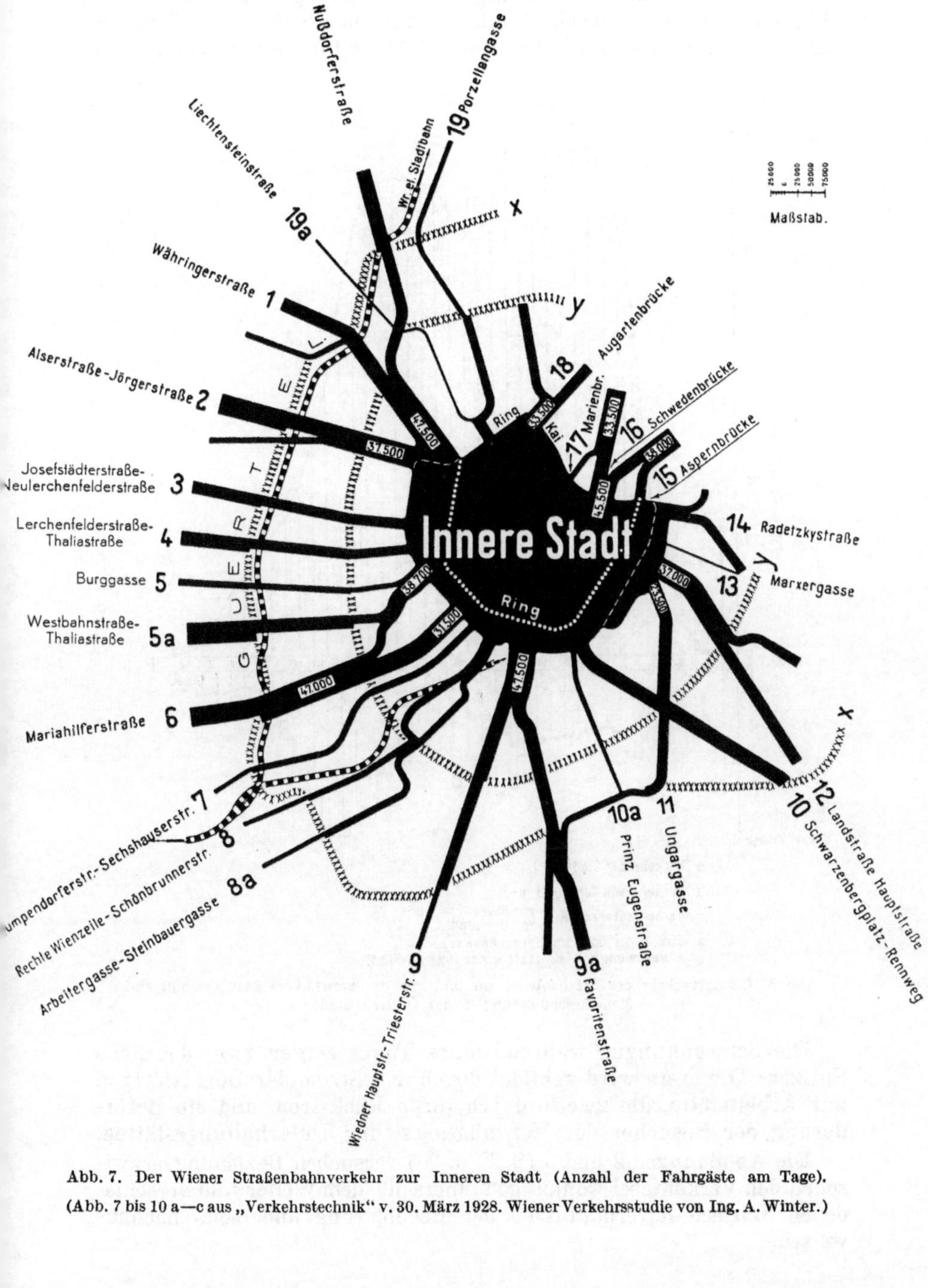


Abb. 7. Der Wiener Straßenbahnverkehr zur Inneren Stadt (Anzahl der Fahrgäste am Tage). (Abb. 7 bis 10 a—c aus „Verkehrstechnik" v. 30. März 1928. Wiener Verkehrsstudie von Ing. A. Winter.)

Abb. 4 zeigt die Schwankungen der Nachfrage zu verschiedenen Tagesstunden, ausgedrückt durch die Zahl der beförderten Personen, Abb. 5 für die einzelnen Wochentage und Abb. 6 für die einzelnen Monate.

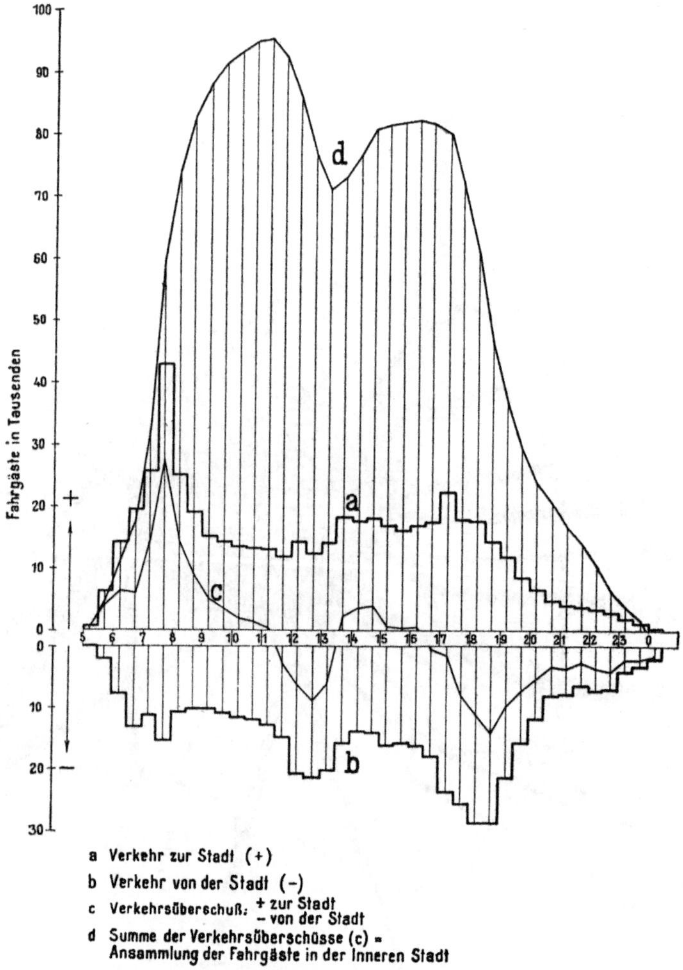


Abb. 8. Gesamtverkehr der Straßenbahn zur und von der Stadt. Verkehrsüberschuß und Menschenanhäufung in der Inneren Stadt.

Die Schwankungen während eines Tages zeigen zwei deutliche Spitzen: Die erste wird gebildet durch den Strom der Berufstätigen zur Arbeitstätte, die zweite durch ihren Rückstrom und die Beförderung der Besucher der Vergnügungs- und Unterhaltungsstätten.

Die Abbildungen 2 und 3 (S. 22 u. 23) versuchen Beziehungen zwischen den Verkehrsschwankungen einerseits, dem Wetter und verschiedenen Wirtschaftsverhältnissen der Bevölkerung anderseits nachzuweisen.

Abb. 7 deutet durch die Stärke der Verkehrslinien die verschieden starke Besetzung der Strecken auf den einzelnen Linien eines Straßenbahnverkehrsnetzes an, auf einen Durchschnittstag gerechnet.

Wie bereits bemerkt, kann es nur unvollkommen gelingen, das Platzangebot mit diesen Nachfrageschwankungen in Einklang zu bringen, woraus sich eben der geringe durchschnittliche Platzausnutzungsgrad ergibt. Diese Tatsache wird noch dadurch unterstrichen, daß die Nachfrage nach Beförderung während der einzelnen Tagesstunden in den beiden Richtungen einer Linie (z. B. von

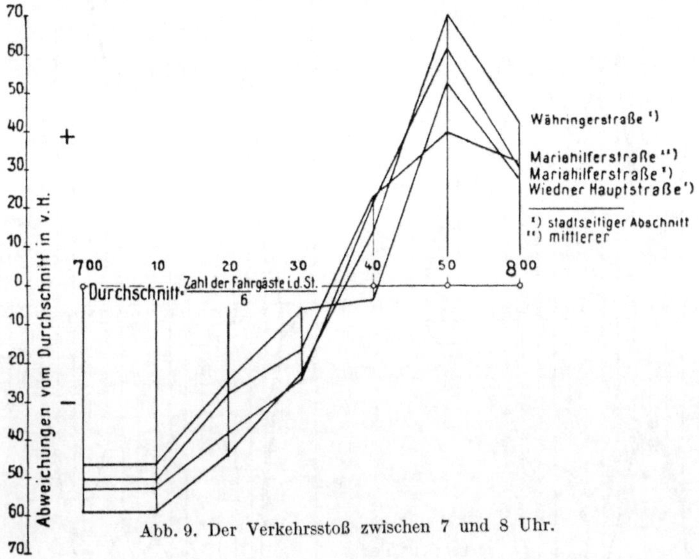


Abb. 9. Der Verkehrsstoß zwischen 7 und 8 Uhr.

der Stadt und zur Stadt) keineswegs übereinstimmt, wie die Abbildungen 8, 9 und 10 a—c, deutlich zeigen. Es versteht sich von selbst, daß der Straßenbahnbetrieb versucht, durch Beobachtung und statistische Erfassung die Nachfrageschwankungen zahlenmäßig zu erfassen, um nach Möglichkeit Gesetzmäßigkeiten zu erkennen und den Fahrplan, und damit das Angebot darnach einzurichten.

Die Ergebnisse der Zählungen usw. werden dann stunden- und linienweise (gegebenenfalls Unterteilung nach Teilstrecken) zusammengefaßt und daraus das Platzangebot, die Wagenbesetzung, prozentuale Platzausnutzung, Trieb- und Beiwagenfahrten, Personen- und Platzkilometerzahlen ermittelt.

## 3. Arten der Einnahmen (Ertrag).

Wenn in den vorhergehenden Abschnitten dargelegt wurde, mit welchen Begriffen und Einheiten wirtschaftlich-technischer Natur der Kaufmann in unserem Verkehrszweig zu rechnen hat, welche

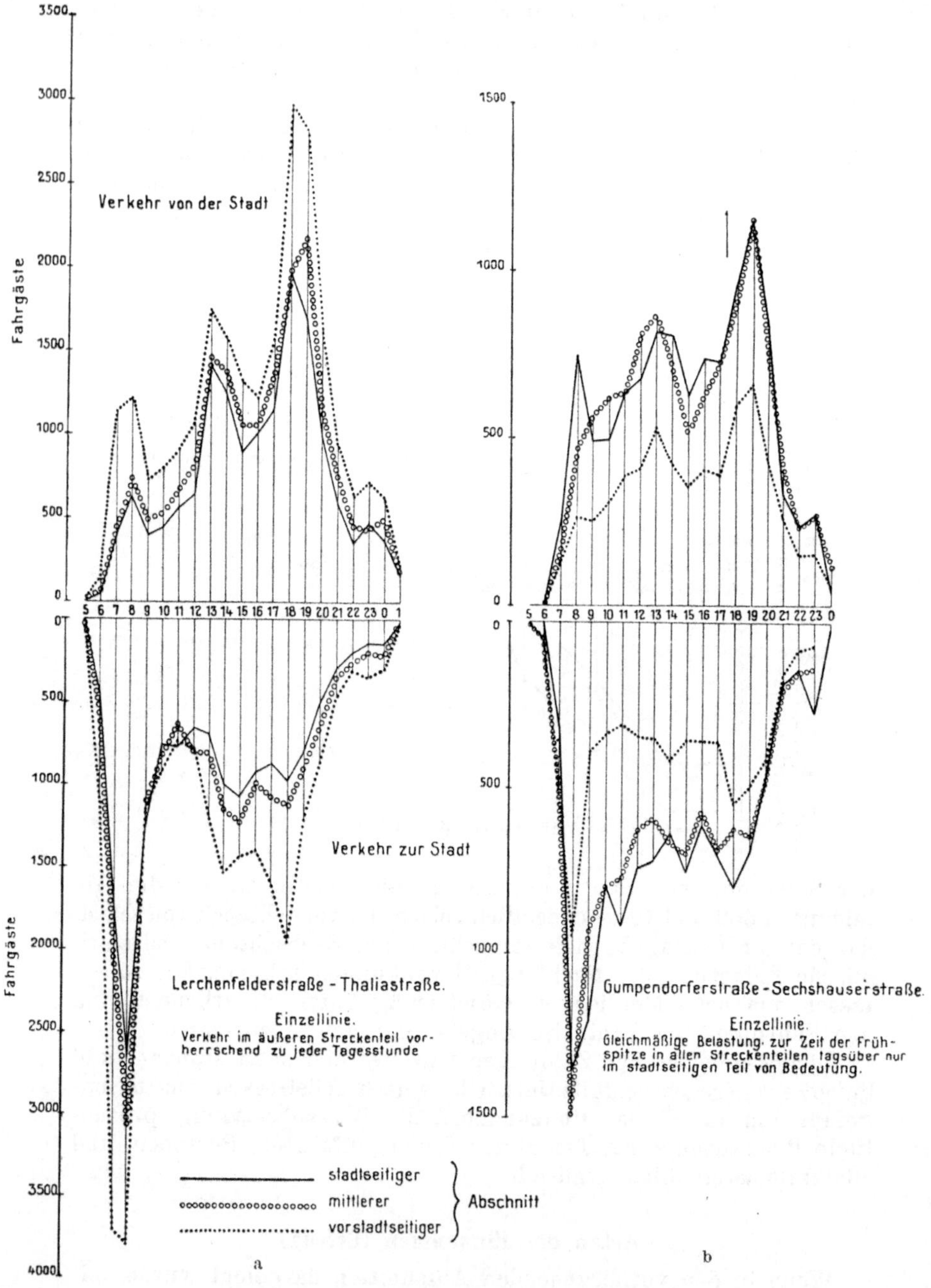


Abb. 10 a und b. Verkehrsschaubilder zweier Straßenzüge in Wien.

Faktoren allgemeiner, d. h. nicht ohne weiteres ursächlich erscheinender Art, das Rechenwerk beeinflussen, wenden wir uns nunmehr einem Element der kaufmännischen Rechnungsführung zu, das wohl auch dem Laien als von jeder Rechenweise untrennbar erscheint, den Einnahmen (Erträgen):

Wir wollen dabei die Einnahmen einmal der Art ihrer Entstehung nach, dann aber auch nach der Art ihrer Errechnung unterscheiden.

a) Die Einnahmen nach der Art der Entstehung.

1. Umsatz- oder Betriebsgewinne,[1] d. h. jene „Gewinne“, die sich als Rechnungsunterschied zwischen Aufwand und Erlös ergeben: Der hier in Frage stehende Erlös ergibt sich zur Hauptsache aus dem Verkauf der Verkehrsleistung. Daneben stehen aber noch Erlöse aus der Hergabe von Reklameflächen, aus der Versteigerung von Fundsachen, aus dem Verkauf von aus dem Verkehr gezogenen Wagen usw. und von anderen Leistungen, die nicht eigentliche Verkehrsleistungen sind, aber doch innerhalb des Betriebes anfallen.

Wir können die Betriebs„Gewinne“ daher einteilen in solche aus der eigentlichen Verkehrsleistung und in verkehrsfremde, oder aber, da die erstgenannten die hauptsächlichen sind, in Haupt- und Nebengewinne.

2. Einnahmen der Unternehmung für Leistungen ohne vorausgegangene Minderungen des Vermögenswertes durch Betriebskosten: In Betracht kommen hier z. B. Zinsen aus Darlehen an die Stadtgemeinde usw. — Praktisch spielt diese Einnahmenart aber wohl kaum eine nennenswerte Rolle.

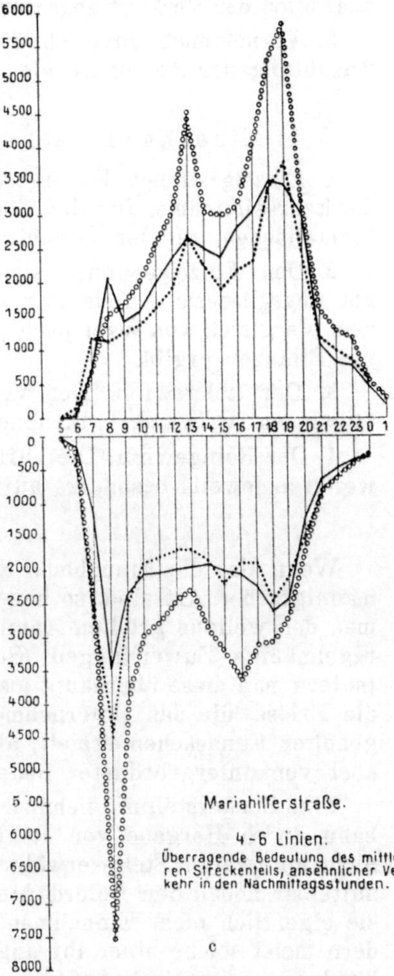


Abb. 10 c. Verkehrsschaubild der Mariahilferstraße in Wien.

3. Fusionsgewinne: Solche werden bei großstädtischen Straßen-

[1] Es ist die Terminologie der kaufmännischen Praxis angewendet; die Theorie würde statt von „Gewinnen“ von „Erfolg“ sprechen.

bahnunternehmen gelegentlich anfallen, doch ist es für den Außenstehenden nicht feststellbar, wie sich diese ziffernmäßig zusammensetzen.

4. Buchmäßige Gewinne: Sie können durch Nachlässe und Abzüge entstehen. Hierher gehören z. B. Herabsetzung der Straßenbenutzungsgebühren, Befreiung von gewissen sozialen Abgaben aber auch der Verkauf abgeschriebener Anlagen u. dgl. m.

5. Vermögensbildung ohne geldliche Gegenleistung: Etwa eine Zuzahlung der Aktionäre als „verlorene Zuschüsse".

b) Einnahmen nach der Art der Errechnung.

1. Einzelgewinne: Es ergeben sich Konten für die eigentliche Verkehrseinnahme, für die Einnahme aus der Vergebung von Reklameflächen, aus der Versteigerung von Fundsachen usw.

2. Den Einzelgewinnen steht der Gesamtgewinn gegenüber, als ungegliederte Darstellung der Gewinngröße, wie sie sich aus dem Vergleich von zwei nach gleichen Gesichtspunkten aufgestellten Bilanzen ergibt.

3. Der Rohgewinn: Der Vergleich des Erlöses mit nur einem teilweisen Aufwand, z. B. ohne anteilige Verwaltungskosten.

4. Der Reingewinn: Die Differenz zwischen dem Rohgewinn und weiteren jeweils besonders aufzuführenden Kostenteilen.

Wenn also die Einnahmen eines Straßenbahnunternehmens auch mannigfacher Art sind, so haben doch die Beförderungseinnahmen den weitaus größten Anteil daran, und es sind höchstens noch regelmäßige Zuwendungen (Subventionen) daneben von Belang (sofern man diese überhaupt als Einnahmen gelten lassen will), und die Erlöse, die das Unternehmen aus der Versteigerung nicht abgeholter Fundsachen erzielt; alles Einnahmen, die im allgemeinen aber von untergeordneter Bedeutung sind.

Eine Sonderstellung nehmen die Einnahmen ein, die die Straßenbahn durch Hergabe von Reklameflächen erzielt: Wir haben sie nicht an zweiter Stelle erwähnt (obschon sie ihrer Höhe nach unmittelbar neben den Beförderungseinnahmen zu nennen sind), weil sie eigentlich nicht Einnahmen des Straßenbahnunternehmens, sondern meist solche einer ihr angegliederten, bzw. mit ihr zwar verbundenen, aber nach außen selbständig auftretenden Gesellschaft sind.

Für Werbezwecke dienen vorzüglich die Wagen, deren Wände, Fenster, Bänke, Decken und Außenflächen in zunehmendem Maße der Reklame dienstbar gemacht werden. Mitunter sind auch die Fahrkarten, die Abonnementkarten, bzw. die Hülsen der Monatskarten mit Reklameanzeigen bedruckt. Auch die von den Straßenbahnunternehmen herausgegebenen Fahrpläne und Unterweisungshefte dienen Werbezwecken, wie schließlich auch die Innenräume der Verwaltungs- und Betriebsgebäude.

Sehr ergiebig ist ferner die „Haltestellenreklame“, für die ebenfalls teils besondere Vermittlungsfirmen (z. B. „Hastrag“/Berlin), teils eigene Vermittlungsabteilungen der Straßenbahnunternehmen in Betracht kommen.

Welchen erheblichen Anteil die Vergebung von Reklameflächen an den Gesamteinnahmen eines Straßenbahnunternehmens hat, erhellt daraus, daß z. B. die BVG. in Berlin allein aus der Haltestellenreklame jährlich 2—3 Millionen RM und mehr Erlös erzielt.

Eine Gesamtinnen- und -außenreklame auf den Fahrzeugen kostet ungefähr RM 150.— monatlich, woraus sich im Hinblick auf die beträchtliche Zahl der Interessenten leicht abschätzen läßt, daß das Straßenbahnunternehmen auch hierdurch recht ansehnliche Nebengewinne erzielen kann, wenn auch bei Abschlüssen auf längere Frist Zahlungsrabatte gewährt werden.[1]

Eine weitere — wenn auch wesentlich geringere — Einnahmequelle liefert der Güterverkehr:

Die Straßenbahn schließt z. B. mit der Reichspost einen Vertrag, demzufolge sie Postgüter innerhalb der Stadt (von einem Bahnhof zum anderen oder vom Posthof zum Bahnhof usw.) befördert; aber nur die Straßenbahn der Stadt Hannover hat, wie bereits erwähnt, einen Güterverkehr eingerichtet, der auch für Privatkunden bestimmt ist.

Auch der Verkauf von Fahrplänen, die Vermietung von Wagen an Vereine usw., sowie der Verkauf von außer Dienst gestelltem Fahrmaterial u. dgl. sind als Einnahmequelle zu erwähnen. Und mitunter gibt ein Straßenbahnunternehmen auch ausrangierte Wagen an Angestellte und Arbeiter ihrer Betriebe ab zur Benutzung als Laubenhäuschen oder auch als Dauerwohnungen, so daß daraus Mieteinnahmen anfallen, wie solche „versteckte“ Einnahmen auch aus den Mieten entstehen, die das Straßenbahnunternehmen seinen Angestellten (Hauswarten usw.), sofern diese in Verwaltungs- oder Betriebsgebäuden wohnen, in Anrechnung bringen.

Tritt das Straßenbahnunternehmen als Bauherr und Hauswirt auf und errichtet z. B. für seine Beamten Siedlungshäuser, so sind die sich hieraus ergebenden Einnahmen ebensowenig in den Komplex der unmittelbaren Einnahmen hereinzunehmen, wie etwaige Gewinne aus Beteiligungen u. dgl.

## 4. Der Tarif.

Die Bahn-, also auch die Straßenbahntarife, sind für das ganze Wirtschaftsleben eines Volkes von einschneidender Bedeutung: Hängt doch die Entwicklung des wirtschaftlichen Lebens einer Stadt u. a. von der Möglichkeit ab, persönlichen Verkehr zu pflegen,

[1] Siehe Werbeschriften der „Vereinigten Verkehrsreklame“, Berlin.

rasch und bequem größere Strecken bewältigen zu können, ohne großen Zeitverlust zur Arbeitsstätte, zu den Kunden usw. zu gelangen; Möglichkeiten, die in weitestem Umfange nur gegeben sind, wenn die Beförderungspreise den wirtschaftlichen Verhältnissen angepaßt werden.

Was für den Gütertarif ganz allgemein gefordert wird, hat aber in gewissem Sinne auch für den Personentarif der Straßenbahn zu gelten: Der Tarif soll stetig sein, also gleichbleibende Beförderungspreise für einen möglichst langen Zeitraum gewähren. Er soll weiterhin einheitlich und einfach gestaltet sein. Für gleiche Leistungen sei auch der Tarif gleich! Einfachheit und Übersichtlichkeit fördern die Verkehrswilligkeit. —

Natürlich spielt bei der Tarifbildung die Frage, nach welchen allgemeinen Grundsätzen die Straßenbahn verwaltet wird, eine bedeutende Rolle: Das Ziel des betriebswirtschaftlichen Verwaltungsgrundsatzes privater Unternehmen ist stets, einen möglichst hohen Betriebsüberschuß zu erzielen; eine nur nach gemeinwirtschaftlichen Gesichtspunkten geleitete Bahn dagegen strebt darnach, für die Gemeinwirtschaft den größten Nutzen zu erreichen. Sie wird daher mit ihren Beförderungspreisen nicht bis an die wirtschaftlich vielleicht mögliche Grenze, d. h. bis zum tatsächlichen Wert der Beförderungsleistungen für die Benutzenden gehen, sondern sich mit einer Gegenleistung begnügen, die vom Fahrgast ohne zu große wirtschaftliche Opfer getragen werden kann.[1]

Immer aber steht die Tarifhöhe irgendwie in Beziehung zu den Kosten: Höhere Kostenbelastung führt im allgemeinen zu höheren Tarifen. Auch die größte deutsche Straßenbahn, die der Berliner BVG., hat, ebenso wie die Untergrundbahn und der Autobus, ihre Tarife den jeweiligen Lasten angemessen gestaltet:

Zahlentafel 4. Entwicklung der Einnahmen in Reichspfennigen je Rechnungsfahrt der Berliner Verkehrsunternehmen.[2]

| | 1913 | 1924 | 1927 | 1928 | 1929 | 1930 | 1931 | 1932 |
|---|---|---|---|---|---|---|---|---|
| St. ..... | 9,67 | 13,47 | 14,60 | 14,11 | 13,64 | 17,76 | 18,11 | 16,22 |
| Au. ..... | 11,62 | 18,35 | 17,88 | 15,85 | 14,98 | 20,08 | 22,65 | 22,41 |
| UB. .... | 13,65 | 13,02 | 14,83 | 13,60 | 12,96 | 16,97 | 18,07 | 16,50 |

[1] Bei der Reichsbahn, die unter Wahrung der Interessen der deutschen Volkswirtschaft nach kaufmännischen Grundsätzen geleitet wird, sind beide Grundsätze miteinander verbunden. Die Tarife bewegen sich daher im allgemeinen auf einer Linie, die zwischen den Selbstkosten als unterer Grenze z. T. sogar darunter („Wert-Tarif") und dem Wert der Leistung für die Benutzenden als oberer Grenze liegt.

[2] St.: = Straßenbahn; Au.: = Autobus; UB.: = Untergrund- und Hochbahn (Thomas: a. a. O., S. 31, ergänzt nach einer von der Direktion der BVG./Berlin gütigst zur Verfügung gestellten Statistik).

Siehe hierzu auch die auf Grund der vorstehenden Zahlen zur besseren Erkenntnis der Zusammenhänge entworfene Abb. 11.

Wenn man die Forderung erhebt, der Tarif müsse „angemessen" sein, so heißt das — negativ ausgedrückt —, daß er nicht schematisch nur nach der Streckenlänge und auch nicht nach dem verschiedenen Kostenaufwand, den die eine oder andere Strecke erfordert, also nicht durchweg „proportional" gestaltet werden darf. — Es wäre falsch, wollte man bei $H$-Pf.-Kosten je km für $n$ km $n \times H$ Pf. in Ansatz bringen.

Abb. 11. Entwicklung der Einnahmen in Reichspfennigen (Rpf.) je Rechnungsfahrt der Berliner Verkehrsunternehmen, s. Zahlentafel 4.

Weiterhin darf sich der Tarif nicht etwa dergestalt nach der Verkehrsfrequenz richten, daß das Unternehmen ihn erhöht, sobald eine Zunahme von Fahrgästen festgestellt wird. Diesem Gedankengang entspringt die gar nicht

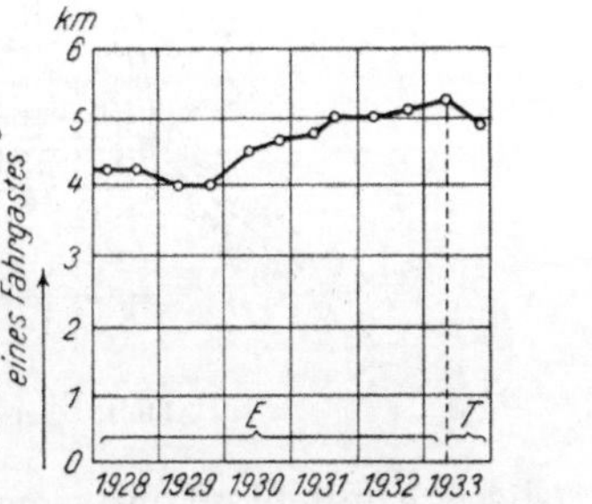

Abb. 12. Entwicklung der Reiselänge der Berliner Straßenbahn unter den Einfluß verschiedener Tarife.[1]

so seltene aber als unsozial und wirtschaftlich kurzsichtig abzulehnende Übung, kurze Strecken verhältnismäßig teurer zu gestalten, als längere. So waren beispielsweise in Berlin die kürzeren Strecken zeitweise so teuer, daß die Kurzfahrer allmählich abnahmen, die mittlere Reiselänge aber stieg (siehe Abb. 12).

Durch diese Betriebspolitik wurde, wie Abb. 13 zeigt, die Verteilung der Fahrgäste in Abhängigkeit von Reiselänge und Tarif beeinflußt.[2]

Die Darstellung zeigt: Erstens (Kurvenverschiebung) wie durch das Steigen der mittleren Reiselänge die Verteilung der Fahrgäste in Abhängigkeit von der Reiselänge beeinflußt wird (Übergang des 20 Pf.-Einheitstarifs zum 25 Pf.-Einheitstarif), zweitens, daß alle Fahrten über 4,5 km zu niedrig bewertet wurden, alle Fahrten unter 4,5 km zu hoch, —

[1] E = Einheitstarif; T = Teilstreckentarif (Thomas, a. a. O., S. 32).
[2] Thomas: a. a. O., S. 32 und 34.

der 25 Pf.-Einheitstarif war „ungerecht“. Er beförderte etwa 54,5% der Fahrgäste zu einem Preis, der zu hoch bemessen war, rund 39,5% aber zu einem zu billigen Tarif. Nur ein sehr kleiner Prozentsatz (6%) der Fahrgäste wurde zu einem angemessenen Tarif befördert.[1]

Bei der Tarifgestaltung ist auf die Kaufkraft der Bevölkerung Rücksicht zu nehmen. Das Prinzip der höheren Tarifierung bei steigender, der geringeren bei sinkender Kaufkraft hat eine ge-

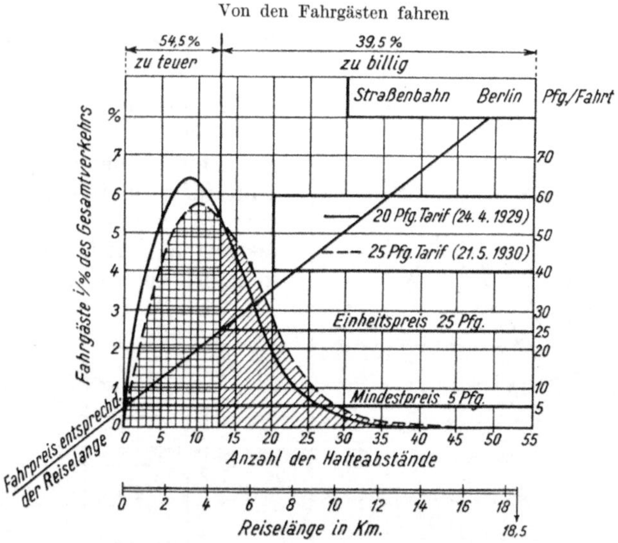


Abb. 13. Reiselänge—Tarife—Fahrten-Frequenz.[2]

wisse Ähnlichkeit mit dem „Individualisierungsprinzip“ der Eisenbahntarifpolitik und will die „Ankurbelung der Wirtschaft“ dadurch unterstützen, daß es mithilft, die Lebenshaltungskosten zu senken, sobald sich in der Betriebswirtschaft Schwierigkeiten ergeben. Die Herabsetzung der Tarife bedeutet eine Steigerung des Realeinkommens und damit der Kaufkraft der Massen. Sie wird vielleicht nicht immer stark ins Gewicht fallen, immerhin aber zu beachten sein.

Die Forderung einer gleichmäßigen Tarifgestaltung bedeutet, daß möglichst keine Vorzugstarife — es handele sich denn um so-

[1] Die Zahlen von 54,5% für den schwarzschraffierten und 39,5% für den heller schraffierten Teil stellen jeweils die Summen aller Ordinaten über den einzelnen Halteabständen dar. Für den Halteabstand 13, für den der Einheitsfahrpreis von 25 Pf. gerade der richtige ist, ist die Ordinate etwa 5,5% (im Text des Berichtes angegeben mit „kaum 6%“); also diese 6% der Fahrgäste, die man aus der Kurve unmittelbar abliest, fahren mit dem richtigen Fahrpreis (siehe hierzu auch den Aufsatz von Dr. Lehner in der Verkehrstechnik 1932, S. 85 über das Problem der Verteilung der Reiselängen im inneren städtischen Verkehr).

[2] Aus Thomas. 24. Int. Straßenbahn- und Kleinbahn-Kongreß, Berlin 1934.

zialpolitische Maßnahmen — gewährt werden sollen. — Handelt es sich z. B. um solche für Fahrten nach bestimmten Ausflugsgegenden, käme das einer Propaganda für diese und ihre Gaststätten usw. gleich.

Im allgemeinen kennt man im Straßenbahnbetrieb, abgesehen vom Gütertarif, der teils für das Sonderabkommen mit der Reichspost, teils als echter Gütertarif (bei der erwähnten Hannoverschen Straßenbahn) in Betracht kommt, folgende Tarifarten:

1. den Einheitstarif,
2. den Teilstreckentarif,
3. den Abonnement-Zeittarif,
4. den Abonnement-Grundtarif,
5. Sondertarife.

**Der Einheits- sowie der Teilstreckentarif** kommen in verschiedener Gestalt vor. Wir nennen beispielsweise den in der Vorkriegszeit in Wien u. a. üblich gewesenen „absoluten" Einheitstarif; ein Frühtarif, der dem Fahrgast ein wahlfreies Umsteigen in eine andere Linie zur Erreichung des Fahrzieles gestattet, wobei natürlich gewisse Grenzen gezogen sind, weil sich ja sonst das Kuriosum ergäbe, daß der einfache Fahrschein zum Abonnement würde.[1] — Der Berliner Einheitstarif beschränkte dagegen die Umsteigemöglichkeit in viel stärkerem Maße. Die befahrene Strecke mußte den kürzesten Verbindungsweg zwischen Ausgangs- und Endpunkt der Fahrt darstellen. Ebenso war die zeitliche Grenze enger gezogen; die Fahrt mußte innerhalb einer bestimmten Zeit erledigt sein, und zwar dergestalt, daß ein Umsteigen in eine neue Linie nur innerhalb einer bestimmten Frist erlaubt ist.

Dem Einheitstarif steht der Teilstreckentarif gegenüber, bei dem Kurzstrecken bestimmter Art und Länge einen billigen, Langstrecken einen höheren Preis haben.

Unter **„Abonnement"-Zeittarif** ist ein früher in Berlin und in anderen Städten üblicher Pauschaltarif zu verstehen: Der Inhaber einer Abonnementskarte ist berechtigt, eine, zwei oder mehrere (alle!) Linien der Straßenbahn oder (kombiniert) der Straßen- und Untergrundbahn zu benutzen und zahlt dafür eine monatliche Pauschalsumme. Mitunter gilt die Karte nur für den Wochentagsverkehr und fast regelmäßig sind die sogenannten Ausflugslinien von der Benutzung ausgeschlossen. — Für Schüler staatlich anerkannter Lehranstalten gab es Schülerkarten.

Bei dem heute in Berlin eingeführten **„Abonnement"-Grundtarif** zahlt der „Abonnent" eine Grundgebühr und hat dann für den Einheitsfahrschein, den er wie jeder andere Fahrgast lösen muß, eine geringere Gebühr zu entrichten. Es handelt sich aber hier nicht um einen reinen „Grund"-Tarif im herkömmlichen Sinne, sondern

---

[1] Wien hatte daneben noch zwei Teilstreckentarife, ja zeitweise noch einen dritten für größere Längen auf bestimmten Linien.

um feste Zuschläge, so daß man vielleicht besser von einem „Zuschlags"-Tarif sprechen würde.

**Sondertarife** findet man nicht nur für Schüler, sondern auch für Lehrlinge, Arbeitslose, sowie für gewisse Beamtengruppen u. dgl. —

Neben den genannten gibt es zahlreiche andere Tarifarten, die aber mehr oder weniger nur Verbindungen bzw. Abwandlungen der ersteren darstellen.

Der Einheitstarif hat, wie bereits erwähnt, den Nachteil, daß er nur für einen verschwindend kleinen Prozentsatz der Fahrgäste „richtig" ist: Kurze Strecken werden zu teuer, und gerade jene Volkskreise, die nur geringe Einnahmen haben, werden der Straßenbahn ferngehalten; sie legen die Kurzstrecke zu Fuß oder mit dem Rade zurück.[1]

Diesem Mangel wurde durch die Einführung des billigen „Kurzstrecken"-Tarifs abgeholfen. Durch ihn wird einmal den minderbemittelten Volksgenossen geholfen, aber auch die Produktivität des Verkehrsunternehmens gesteigert. So leistete die Berliner Verkehrsgesellschaft z. B. nach Einführung der 10-Pf.-Kurzstrecke im Jahre etwa 100 Millionen Fahrten mehr als zuvor.

Während auf Grund der vorstehenden Ausführungen der Einfluß der Tarifgestaltung auf die Fahrtfrequenz zu erkennen ist, was sich mittelbar natürlich auch auf den Umfang des Rechenwerkes auswirken muß, zeigt sich eine weitere wichtige Folge des Tarifs, und zwar des Streckentarifs im Hinblick auf das Stadtbaubild:

Die Siedlungen rings um die Großstadt entstehen nicht zum geringen Teil unter dem Einfluß der Tarife.

Wird eine Siedlung zu weit vom Stadtkern angelegt, so geschieht das[2] deshalb, weil der Grundpreis dort niedriger ist und weil der Einheitstarif, sofern ein solcher besteht, dem Siedler die Wahl nicht schwer macht. Die Fahrkosten sind von der Entfernung vom Stadtzentrum unabhängig und die Zeitdauer der Fahrt spielt keine allzu große Rolle. So kommt es oft zu ganz ungeordneten Siedlungen, die ohne Rücksicht auf eine organische Verkehrsentwicklung angelegt sind. Der auf Grund sozialer Erwägungen später dorthin gelegte Verkehr belastet das Straßenbahnunternehmen finanziell außerordentlich.

Anders beim Teilstreckentarif: Liegt die Siedlung so weit vom Stadtzentrum entfernt, daß bereits eine Langstreckenkarte nötig ist, um sie zu erreichen, dann wird es sich der einzelne reiflich überlegen, ob er dort Wohnung nehmen soll. Die Siedlung wird daher gezwungenermaßen dem Hauptgrundsatz jeder vernünftigen Großstadtsiedlung folgen müssen und wachstumsmäßig vor sich gehen.

---

[1] Daraus erklärt sich auch u. a. die starke Zunahme der Radfahrer in den Großstädten, zu Zeiten, in denen der Einheitstarif steigt.

[2] Abgesehen von sozialpolitischen Beweggründen (Auflockerungsprinzip).

Kommt das Straßenbahnunternehmen den entfernt wohnenden Siedlern im Tarif entgegen, hält es also am Einheitstarif fest, so bedeutet dies ein Entgegenkommen gegenüber den Bauspekulanten. Der billige Tarif würde nicht mehr und nicht weniger bedeuten, als eine Steigerung der Grundrente zu der das Straßenbahnunternehmen mittelbar beiträgt. Das Entgegenkommen bedeutet aber weiterhin — soweit es sich um öffentlich-rechtliche Straßenbahnunternehmen handelt —, eine Belastung der Allgemeinheit, so daß diese zugunsten einer kleinen Kapitalistengruppen benachteiligt wird.

Schließlich ist die Tarifgestaltung auch für die Besiedlung der Innenstadt von Bedeutung:

Da für die Angestelltenschaft der Stadtkern immer noch die Hauptbeschäftigungsgegend ist, werden vom kaufmännischen Mittelstand als Wohngegenden jene bevorzugt, die innerhalb der Kurzstreckenzonen (vom Stadtinnern gerechnet) gelegen sind.

Eine Staffelung der Tarife nach Wagenklassen, wie vielfach in den Anfängen der Straßenbahn, gibt es heute in Deutschland bei diesem Verkehrszweig nicht mehr. Ebenso hat die Berliner Untergrundbahn die Einteilung in verschiedene Wagenklassen fallen gelassen.

Die Beförderung von größerem Gepäck und von Hunden erfolgt meist zu den niedrigen Sätzen der Kurzstrecke.

Erwähnt sei — nur der Vollständigkeit halber — daß die früher in Berlin üblich gewesenen höheren Nachttarife nicht mehr bestehen, daß aber bei Fahrtantritt nach 24 Uhr der Langstreckentarif gilt.

## D. Die Selbstkostenrechnung.

### 1. Begriffe und Grundsätzliches.

Über die Grundbegriffe des betrieblichen Rechenwesens und seine Verfahrensweisen herrscht in Theorie und Praxis noch immer weder Einigkeit noch Klarheit.[1]

Um das zu belegen, denke man nur daran, wie verschieden in Theorie und Praxis etwa die Grundbegriffe „Kosten", „Ertrag", „Erfolg", „Ausgaben" und „Aufwand" gebraucht werden.

Es wird daher ausdrücklich darauf aufmerksam gemacht, daß in der vorliegenden Arbeit der Einheitlichkeit halber die Terminologie und die Definitionen Schmalenbachs, sowie die ihnen gleichen, bzw. nahe verwandten von Geldmacher und Mellerowicz zugrunde gelegt sind, die ihrerseits wieder — wenigstens zum Teil — auf den einschlägigen Standardwerken von Leitner und — vor

---

[1] Auf dieser Erkenntnis beruhen auch die neuesten Anordnungen der maßgebenden Behörden (Erlaß des Reichs- und Preußischen Wirtschaftsministers II, Pr. 11 263/37 vom 11. November 1937).

diesem — dem Altmeister der neueren Betriebswirtschaftslehre Schaer aufbauen.

Zu näherer Unterrichtung sei auf das einschlägige Schrifttum verwiesen.

## 2. Die Gliederung der Kosten.

### a) Kostenarten.

Um sich die für die weitere Behandlung der gestellten Aufgabe notwendige Klarheit über die Selbstkosten zu verschaffen, erscheint es zweckmäßig, zunächst eine Gliederung der Kosten nach den Kostenarten vorzunehmen, und es erscheint weiterhin richtig, dabei die hauptsächlichsten, für die Praxis in Frage kommenden Gliederungen zugrunde zu legen:

Der „Verband Deutscher Kraftverkehrsgesellschaften" empfiehlt z. B. als Hauptgliederung die „Grundfunktionen" und bildet demgemäß die Hauptgruppen „Kapitalkosten" und „Betriebskosten", deren Summe die Gesamtselbstkosten ergibt, mit folgender Gruppeneinteilung:[1]

A. Kapitaldienst:
- I. Verzinsung der Anlagekosten:
  1. Der Triebwagen und der Anhängewagen.
  2. Der Wagenhallen und des Werkstattraumes.
  3. Der Werkstatteinrichtung und des Ersatzteillagers.
  4. Der Gleisanlage und der Oberleitung.
- II. Erneuerungskosten:
  1. Der Triebwagen und der Anhängewagen.
  2. Der Wagenhallen und des Werkstattraumes.
  3. Der Werkstatteinrichtung und des Ersatzlagers.
  4. Der Gleisanlage und der Oberleitung.

B. Betriebskosten:[2]
- I. Verwaltungs- und Handlungskosten.
- II. Fahrdienst (Löhne und Ausrüstungen für Fahrer und Aufsicht).
- III. Zugkraft (Stromkosten).
- IV. Stromführung (Instandhaltung der Oberleitung und der Stromzuführung).
- V. Wagenunterhaltung.
- VI. Bahnunterhaltung (Gleis- und Bahnkörper).
- VII. Gebäudeunterhaltung.
- VIII. Versicherungen, Steuern und soziale Beiträge.
- IX. Allgemeines.

C. Gesamtselbstkosten = Kapitaldienst (Verzinsung und Abschreibung) + Betriebskosten.

---

[1] S. Strommenger: Selbstkostenvergleich Straßenbahn-Omnibus, a. a. O., S. 7.

[2] In ihrer Zusammenfassung die „Betriebsrechnung" der Praxis.

Die Betriebskosten sind im übrigen weitgehend unterteilt nach Hauptkonten (Hauptkostenarten) und Unterkonten (Unterkostenarten). Die Buchungsnummern, die nach der Dezimalklassifikation gewählt sind, lassen sich als Kontenendzahlen benutzen, so daß durch Versetzen der jeweils in Frage kommenden Kostenstellennummern feststehende Kostennummern sich ergeben, die jede Kostenaufwendung eindeutig nach zu belastender Kostenstelle und Kostenart festlegen.[1]

Da eine Darstellung des Kontenwerkes in seiner Aufteilung ebenso interessant ist, wie sie für den Praktiker unter Umständen nützlich sein kann, wird nachstehend die eingehende Betriebskostenaufteilung gebracht:

**Aufteilung der Betriebskosten nach dem Schema des Verbandes Deutscher Kraftverkehrsgesellschaften.**[2]

| Hauptkonto | Unterkonto | |
|---|---|---|
| 1. | | Verwaltung: |
| | 10. | Gehälter und Bezüge des Vorstandes, der technischen und kaufmännischen Beamten und der Bürobeamten. |
| | 11. | Reisekosten, Belohnungen und außerordentliche Aufwendungen. |
| | 12. | Ausgaben für Bürobedürfnisse (Post, Telegraph und Telephon). |
| | 13. | Unterhaltung der Büromöbel und der Austattung der Räume. |
| | 14. | Miete für die Geschäftsräume. |
| | 15. | Beleuchtung, Heizung und Reinigung der Räume. |
| 2. | | Betriebsdienst: |
| | 20. | Gehälter und Bezüge der Betriesingenieure nebst Hilfsbeamten, der Betriebsbürobeamten, der Kassenschaffner. |
| | 21. | Gehälter und Bezüge der Bahnhofsverwalter, der Kontrolleure, Pförtner, Wächter usw. |
| | 22. | Bezüge der ständigen Fahrbediensteten (Schaffner und Wagenführer). |
| | 23. | Bezüge der Hilfsfahrbediensteten. |
| | 24. | Verbrauchsgegenstände der Bürobediensteten, Bürobedürfnisse aller Art für den Betrieb, Drucksachen, Fahrscheine usw. |
| | 25. | Kleidung und Ausrüstung der Bediensteten. |
| | 26. | Beleuchtung, Heizung und Reinigung der Betriebsräume. |
| 3. | | Zugkraft: |
| | 30. | Gehälter und Bezüge für Bedienung und Wartung der maschinellen Einrichtung. |
| | 31. | Bestandteile und Stoffe für Unterhaltung der elektrischen Maschinen und Zubehör (Schaltanlagen usw.). |
| | 32. | Bezug des elektrischen Stromes aus fremden Kraftwerken. |
| 4. | | Stromführung: |
| | 40. | Unterhaltung der Leistungsanlagen, Gehälter und Löhne, Bestandteile und Stoffe, Ausgaben für Leistungen Dritter. |
| | 41. | Unterhaltung der Werkzeuge und Geräte. |
| | 42. | Haltestellentafeln und Signale. |

[1] Peiser: Grundlagen der Betriebsrechnung in Maschinenbauanstalten, S. 61 ff.

[2] Strommenger: a. a. O., Anhang I.

| Hauptkonto | Unterkonto | |
|---|---|---|
| 5. | | Wagenunterhaltung: |
| | 50. | Unterhaltung der Motorwagenkasten- und Untergestelle, Gehälter und Löhne für Unterhaltung der Kasten, Bestandteile und Stoffe für Unterhaltung der Kasten, Gehälter und Löhne und Bestandteile und Stoffe für Unterhaltung der Untergestelle. |
| | 51. | Unterhaltung der Anhängewagen, Gehälter und Löhne für Unterhaltung der Kasten, Bestandteile und Stoffe und Unterhaltung der Kasten, Gehälter und Löhne sowie Bestandteile und Stoffe für Unterhaltung der Untergestelle. |
| | 52. | Unterhaltung der elektrischen Ausrüstung der Wagen, Gehälter und Löhne, Bestandteile und Stoffe. |
| | 53. | Reinigung der Wagen, Löhne und Stoffe. |
| | 54. | Schmieren der Wagen, Löhne und Stoffe. |
| | 55. | Unterhaltung der Werkstattausrüstung, Löhne, Bestandteile und Stoffe. |
| | 56. | Reinigung, Beleuchtung der Werkstätten und Wagenhallen, Löhne, Bestandteile und Stoffe. |
| 6. | | Bahnunterhaltung: |
| | 60. | Unterhaltung der Gleisanlagen und des Bahnkörpers, Gehälter und Löhne, Bestandteile und Stoffe, Ausgaben für Leistungen Dritter. |
| | 61. | Reinigung der Gleise und des Bahnkörpers, Löhne für laufende Reinigung, Ausgaben für Leistungen Dritter. |
| | 62. | Schneeräumen, Löhne, Material. |
| | 63. | Sandtrockenanlagen, Löhne, Bestandteile und Stoffe. |
| | 64. | Unterhaltung der Geräte und Werkzeuge. |
| | 65. | Abgaben an Dritte für Mitbenutzung von Gleisen. |
| 7. | 70. | Verwaltungsgebäude und Wohnhäuser. |
| | 71. | Betriebsgebäude. |
| 8. | | Allgemeine Unkosten: |
| | 80. | Staats- und Gemeindesteuern. |
| | 81. | Anerkennungsgebühren. |
| | 82. | Versicherungswesen (Feuer-, Einbruch-, Diebstahl-, Haftpflicht-Selbstversicherung). |
| | 83. | Versorgungswesen, Beitrag für die Krankenkasse, zur Alters- und Invalidenversicherung, zur Straßenbahn-Berufsgenossenschaft, zur Angestelltenversicherung. |
| | 84. | Unterstützungen, Beitrag zur Ruhegeldkasse, außerordentliche Unterstützungen. |
| | 85. | Gericht-, Prozeß- und sonstige Kosten. |
| | 86. | Sonstiges. |
| 9. | | Verschiedenes. |

Mit Rücksicht auf das besondere Interesse, das heute im Zusammenhang mit der gerade bei Verkehrsunternehmen zum Teil noch recht problematischen Selbstkostenrechnung den Betriebskosten zukommt, sei aber auch noch eine andere beachtenswert erscheinende Kostenaufteilung wiedergegeben.

**Aufteilung der Betriebskosten nach den einheitlichen Richtlinien für Straßenbahnbuchführungen.**[1]

Unterkonto

Aufwand:

60. Allgemeine Verwaltungskosten.

600. Aufsichtsrat.
601. Vorstand (Direktion).
602. Verwaltungsgebäude.
603. Bürokosten.
604. Werbekosten.
605. Reise-, Werbe- und Vertretungskosten (Repräsentation).
606. Vereins- und Verbandskosten.
607. Anwalts- und Gerichtskosten.
608. Versicherungen (ohne Haftpflicht- und Sozialversicherung).
609. Sonstige allgemeine Unkosten.

61. Soziale Unkosten.

610. Sozialversicherung (Arbeitgeberanteil).
611. Lohnfortzahlungen (ohne Arbeitsleistungen).
612. Ruhegehalt und Hinterbliebenenversorgung.
613. Betriebsvertretungen (Betriebsräte usw.).
614. Fehl- und Falschgeldersatz.
615. Dienstkleidung (Arbeitgeberanteil).
616. Schutz-, Eß-, Wasch- und Baderäume.
617. Speise- und Verkaufseinrichtungen.
618.
619. Sonstige soziale Unkosten.

62. Steuern und Abgaben.

620. Verkehrssteuer.
621. Körperschafts- und Gewerbesteuer.
622. Vermögenssteuer.
623. Grundvermögens- und Mietzinssteuer.
624. Industriebelastung.
625. Sonstige Steuern.
626. Abgaben an den Wegeberechtigten.
627.
628. Beiträge zu den Straßenkosten.
629. Sonstige Abgaben.

63. Personenbeförderung (Unkosten).

630. Bahnstrom.
631. Stromkontrolle.
632. Betriebgehälter, Gebühren und Löhne (Fahrpersonal).
633. Betrieb, sonstige Unkosten.
634. Verkehrgehälter, Gebühren und Löhne.
635. Verkehr, sonstige Unkosten.
636. Betriebs- und Verkehrskontrolle.

---

[1] Kleinstück: „Einheitliche Richtlinien für Straßenbahnbuchführungen.“ Zeitschrift für Betriebswirtschaft, Jahrg. III, 1926, Heft 3 (auch hier wird zur Kontenbezeichnung die Dezimalklassifikation benutzt, wobei die Aufwandskonten in Gruppe 6 untergebracht sind).

Unterkonto

637. Haftpflichtkosten.
638. Ausbildungskosten (Fahrpersonal).
639. Sonstige Unkosten.

64. Technische Unterhaltung und Ergänzung.

640. Dienstgrundstücke und Dienstgebäude.
641. Gleisanlagen und Haltestellen.
642. Stromführungsanlagen.
643. Wagen.
644. Elektrische Betriebseinrichtungen.
645. Einrichtungsgegenstände.
646. Reinigung des Gleisbereiches und der Haltestellen.
647. Reinigung der Wagen.

65. Unkosten einzelner Abteilungen.

650. Bahnbauabteilung.
651. Leitungsbauabteilung.
652. Hauptwerkstatt.
653. Bahnhofswerkstätten.

66. Unkosten für Sondergeschäfte.
67. Zinsendienst.
68. Abschreibungen.
69. Güterbeförderung.

Ein Vergleich der nachstehenden Zusammenstellung von drei Kostengliederungen zeigt trotz der verschiedenen Gruppierung und Unterteilung doch weitgehende Übereinstimmung, wenn die eigentlichen Kostenstellenkonten außer acht gelassen werden. Die im wesentlichen übereinstimmende Gruppierung ist augenscheinlich. Dabei ist selbstverständlich zu beachten, daß sich der Inhalt der einzelnen Gruppen nicht genau deckt, was seinen Grund darin hat, daß die Zuteilung einzelner Unterkostenarten zu den einzelnen Gruppen verschieden erfolgt und in der einen Spalte ähnliche Kostenarten zu einer Gruppe zusammengefaßt erscheinen, während sie in einer anderen auf die einzelnen Gruppen verteilt werden.

So sind beispielsweise bei der „Gemeinde Wien-Städtische Straßenbahnen" die Löhne und die Gehälter in der Gruppe I (Personalauslagen) konzentriert, während sie in der Einteilung des Verbandes Deutscher Kraftverkehrsverwaltungen als Unterkonten in mehrere Gruppen (Verwaltung, Betriebsdienst, Zugkraft usw.) aufgeteilt sind.

Die Gegenüberstellung ist also nur mit diesen Vorbehalten zu Vergleichszwecken zu verwenden (s. S. 45).

## b) Kostengliederung nach der Verrechnungsweise.

Die der vorliegenden Arbeit zugrundegelegte betriebswissenschaftliche Theorie[1] gruppiert unter dem Gesichtspunkt der Ver-

[1] S. S. 39, D 1, Abs. 3.

Gegenüberstellung der Kostengruppen.

| Lfd. Nr. | a<br>Verband Deutscher Kraftverkehrsgesellschaften | Lfd. Nr. | b<br>Richtlinien für Straßenbahnbuchführungen | Lfd. Nr. | c<br>Gemeinde Wien— Städtische Straßenbahnen |
|---|---|---|---|---|---|
| 1. | Verzinsung der Anlagekosten. | 1. | Zinsendienst. | 1. | Verzinsung und Tilgung der Anleihen. |
| 2. | Erneuerungskosten (Abschreibungen). | 2. | Abschreibungen. | 2. | Abschreibungen von den Anlagewerten. |
| 3. | Verwaltungs- und Bürounkosten. | 3. | Allgemeine Verwaltungskosten. | 3. | Büroaufwand. |
| 4. | Betriebsdienst (Gehälter und Löhne des Fahr- und Betriebspersonals, Kleidung und Ausrüstung des Personals). | 4.<br>5. | Personenbeförderungsunkosten (Betriebs- und Verkehrsgehälter und Löhne; Kosten von Bahnstrom und Stromkontrolle). | 4. | Personalausgaben (Gehälter und Löhne). |
| 5. | Zugkraft (Stromkosten). | | | 5.<br>6.<br>7.<br>8.<br>9. | Kraftstromkosten und Materialien; Instandhaltung der Betriebsanlagen (Gleisanlagen, Wagen, Werksanlagen, Maschinen, Gebäude usw.). |
| 6. | Stromführung (Unterhaltung der Leitungsanlagen und so weiter). | 6.<br>7.<br>8.<br>9. | Technische Unterhaltung und Ergänzung (Gebäude, Gleis- und Stromführungsanlagen Wagen und so weiter). | | |
| 7. | Wagenunterhaltung. | | | | |
| 8. | Bahnunterhaltung (Gleis- und Bahnkörperunterhaltung und Reinigung). | | | | |
| 9. | Gebäudeunterhaltung. | | | | |
| 10. | Versicherungen, Steuern, soziale Beiträge. | 10. | Steuern und Abgaben; soziale Unkosten. | 10.<br>11. | Zinsen, Spesen, Kursverluste, Steuern, Gebühren, Versicherungen, Personalregie (soziale Beiträge und Ausgaben). |
| 11. | Allgemeines (Verschiedenes). | 11. | Verschiedenes. | | |

rechnungsweise die Kosten danach, ob sie der Leistungseinheit direkt zugerechnet werden können, oder ob das nicht bzw. nur auf unwirtschaftliche Weise möglich ist.

Es ist zwar für den Begriff der direkt anrechenbaren Kosten, der sogenannten „Einzelkosten“, nicht erforderlich, daß sie materiell wie das Fertigmaterial und die den Fertigungslöhnen gegenüberstehende Arbeitsleistung in der Industrie in die Leistungseinheit übergehen; aber selbst unter Berücksichtigung dieser Tatsache wird man unter den Kostenarten des Straßenbahnbetriebes keine finden, die zu den „Einzelkosten“ gerechnet werden können, denn keine Kostenart wird für den Rechnungswagenkilometer oder den Platzkilometer unmittelbar aufgewendet. Daß bei der Betriebsleistung von Hilfs- bzw. Nebenbetrieben Einzelkosten in die Erscheinung treten, ändert hieran nichts.

Jedenfalls folgt aus dem Gesagten, daß es die Selbstkostenrechnung des Straßenbahnbetriebes nur mit „Gemeinkosten“ zu tun hat.

Überall da, wo Betriebsleistungseinheiten mit verschieden hohen Kosten erzeugt werden, müssen die einzelnen Kostenarten den Kostenstellen, die sie verursacht haben, zugerechnet werden, um von hier aus nach einem Schlüssel, der sich möglichst der wirklichen Beanspruchung angleichen soll, auf die Kostenträger verteilt zu werden. Die Kostenstellen können dabei teils parallel, teils hintereinander geschaltet und verschiedenen Umfanges und verschiedener Art sein.

Unter der Voraussetzung, daß es sich im Straßenbahnbetriebe in der Tat um Betriebsleistungseinheiten mit verschieden hohen Kosten handelt — der Nachweis ist hierfür noch weiter unten zu erbringen — handelt es sich bei der Gliederung der Kosten nach ihrer Verrechnungsweise also darum, festzustellen, ob und inwieweit die einzelnen Kostenarten für Kostenstellen verschiedenen Umfanges, verschiedener Art usw. aufgewendet werden:

Die größte Kostenstelle stellt der Gesamtbetrieb dar, etwa die Kostenstelle „Gesamtverwaltung und allgemeiner Betrieb“. Ihr sind also die Kosten zuzuordnen, die für den Gesamtbetrieb ganz allgemein aufgewendet werden.

Hierzu gehören:

a) Die Verwaltungs- und Bürokosten einschließlich der Bezüge der Direktion, des Verwaltungs- und Büropersonals und des sonstigen allgemeinen Personals, unter Umständen auch des Werkstätten- und sonstigen technischen Personals, falls für die Werkstätten und sonstigen Hilfsbetriebe keine besonderen Kostenstellen gebildet werden.

b) Die sozialen Beiträge für dieses Personal (Soziallasten).

c) Die Verzinsung und Abschreibung der Gebäude; unter Umständen auch der Werkstätten, Werkstätteneinrichtungen, Hallen und Schuppen, Spezial-, Rüst- und Lastwagen usw., sofern hierfür nicht besondere Kostenstellen gebildet werden.

d) Die Gebäudeunterhaltung und die Unterhaltung der Werkstätten usw. (gegebenenfalls auch hier besondere Kostenstellen).

e) Betrieb und Unterhaltung der Spezial-, Rüst- und Lastwagen usw. (gegebenenfalls besondere Kostenstellen).

f) Die Kosten des sonstigen allgemeinen Betriebes.

g) Steuern und Abgaben, Versicherungen u. dgl., soweit sie nicht den einzelnen Linien direkt angerechnet werden können.

h) Sonstige allgemeine Unkosten.

i) Werbekosten u. dgl.

k) Sonstige Kosten (z. B. Stromkosten), die zwar für besondere Kostenstellen aufgewendet werden, aber erst auf Grund besonderer Nachweise verteilt werden können oder aus Zweckmäßigkeitsgründen zunächst allgemein behandelt werden sollen.

Eine Aufteilung in horizontaler Richtung ist bei dieser allgemeinen Kostenstelle ohne Schwierigkeit möglich und auch üblich, zumal da, wo der Gesamtverwaltung mehrere Betriebe unterstehen, wo also etwa neben dem Straßenbahnbetrieb ein Autobusbetrieb, eine Untergrundbahn usw. vorhanden ist (Berlin).

Man führt dann unter der Kostenstelle „Allgemeine Verwaltung“ die Kostenstellen „Straßenbahnbetriebsverwaltung“, „Autobusbetriebsverwaltung“ usw. mit entsprechenden Kostenarten.

Man kann auch die Hilfs- bzw. Nebenbetriebe herausziehen und ihnen eigene Kostenstellen zuweisen, also Kostenstellen einrichten für die Bauabteilungen, die Werkstätten, die Lager usw. Das hat vor allem den Vorteil, daß man diesen Betriebsteilen besondere Kostenarten zuweisen und eine Gliederung derselben einführen kann, die auf die einzelne Kostenstelle zugeschnitten ist.

Auf diese Gliederung näher einzugehen, erscheint unnötig; sie dürfte aus der industriellen Selbstkostenrechnung hinreichend bekannt sein.

Der Kostenstelle „Straßenbahnbetriebsverwaltung“ können unter Umständen weitere Kostenstellen untergeordnet werden, mit dem Ziel, die als „allgemein“ zu behandelnden Kosten einzuschränken. Überall da, wo z. B. Betriebsbahnhöfe, Wagenhallen usw. nur einem bestimmten *Komplex von Linien* dienen, können dafür eigene Kostenstellen gebildet werden, deren Kosten dann eine entsprechende Gliederung durch Kostenarten erfahren würden. So würde z. B. die Position „Gebäudeunterhaltung“ unter den Kostenarten dieser Kostenstelle erscheinen und direkt mit den Kosten belastet werden, die sich auf die Unterhaltung der zugehörigen Gebäude beziehen. Dasselbe gilt von einer Reihe anderer Kostenarten, so daß nur noch *die* Kosten zunächst den allgemeineren Kostenstellen angelehnt werden, die sich nicht oder nur mit unwirtschaftlichem Aufwande den einzelnen Teilkostenstellen anrechnen lassen. Diese müssen dann schlüsselmäßig verteilt werden.

Auf der nächsten Stufe treten die *Kostenstellen der einzelnen Linien auf.*

Diesen kommt wieder **grundsätzliche Bedeutung** zu, denn ihnen sind unmittelbar eine Reihe von Kostenarten zugeordnet. Hierzu gehören:

a) die Fahrdienstkosten, d. h. die Gehälter, Löhne und Ausrüstungen des Fahrpersonals usw.,

b) die Zugkraftkosten, d. h. die Stromkosten usw.,

c) die Stromführungskosten, d. h. die Unterhaltung der Leitungsanlagen usw.,

d) die Wagenunterhaltungs- und Reinigungskosten,

e) die Bahnunterhaltungskosten, d. h. die Kosten der Unterhaltung und Reinigung der Gleisanlage und des Bahnkörpers usw.,

f) die Gebäudeunterhaltungskosten, soweit die Baulichkeiten nur einer Linie dienen,

g) die Abschreibungen auf die Bahnanlage und die Oberleitung, die Trieb- und Beiwagen,

h) die Zinsen auf die entsprechenden Positionen.

Hinsichtlich der Stromkosten (vorstehende Pos. b) ist eine besondere Bemerkung erforderlich: Es wird im allgemeinen nicht möglich, bzw. praktisch zu teuer sein (Stromzähler),[1] die Stromkosten direkt der einzelnen Linienkostenstelle zuzurechnen; man wird daher genötigt sein, sie zunächst unter einer allgemeinen Kostenstelle zu verbuchen, und sie erst später schlüsselmäßig umzulegen.

Soweit hier Zinsen eingesetzt werden, handelt es sich selbstverständlich um kalkulatorische Zinsen, die buchhalterisch auf einem „Zinsenverrechnungskonto" den effektiven Zinsen, z. B. den Anleihe- und Darlehenszinsen gegenübergestellt werden können, so wie es bei den kalkulatorischen und bilanzmäßigen Abschreibungen üblich ist. Wenn nur mit den tatsächlichen Zinsen gerechnet wird, läßt man sie unter der Kostenstelle „Allgemeine Verwaltung" erscheinen und verteilt sie gegebenenfalls schlüsselmäßig.

Die angeführten Kostenarten können natürlich je nach Bedarf beliebig weiter unterteilt werden.

Unter Umständen ist man genötigt, statt der einzelnen Linien oder jedenfalls für einzelne **Streckenabschnitte** von ihnen Kostenstellen zu bilden, und zwar dann, wenn Streckenabschnitte von mehr als nur **einer** Linie befahren werden.[2] Man muß dann so viele Kostenstellen bilden, als Abschnitte mit verschiedener Belegung durch Linien vorhanden sind. Aus diesen Abschnitten kann man dann durch entsprechende Verteilung die einzelnen „Linienkostenstellen" unter Hinzufügung der direkt für die einzelne Linie aufgewendeten Kosten zusammensetzen.

In diesem Falle würde die einzelne Linienkostenstelle einige Kostenarten unmittelbar, einige von den größeren, allgemeineren

---

[1] S. auch S. 69.

[2] Man denke z. B. an Großkreuzungspunkte, wie etwa den Potsdamer Platz in Berlin u. dgl.

Kostenstellen sowie einige von den „Streckenabschnittskostenstellen“ durch Umlage angelastet erhalten.

Praktisch kann man vielleicht so vorgehen, daß man den einzelnen Kostenarten Endzahlen — etwa nach dem System der Dezimalklassifikation — zuweist und diese an die Leitzahlen der Kostenstellen anhängt und die so gebildete „Kostennummer“ für die stilistische Kontierung jeder Kostenaufwendung benutzt und sie damit nach Kostenstelle und Kostenwert festlegt.

Auf die Erfordernisse, die die Benutzung des Schmalenbachschen Kontenrahmens oder eines ihm nachgebildeten bzw. angeglichenen Kontenschaubildes für die buchhalterische Kontierung mit sich bringt, soll weiter unten eingegangen werden.[1]

c) Kosten nach ihrer Abhängigkeit von der „Leistungsdichte“.

Die Gliederung der Kosten nach ihrem Verhalten bei wechselndem Beschäftigungsgrad und ihre Beobachtung unter diesem Gesichtspunkt ist ein außerordentlich wichtiges Hilfsmittel wirtschaftlicher Betriebsführung. Schmalenbach[2] geht bekanntlich so weit zu sagen, daß derjenige, der die Betriebskosten nicht nach ihrem „fixen“ bzw. „proportionalen“ Charakter erkennt, die sich daraus ergebenden Konsequenzen nicht zu ziehen, d. h. den Betrieb nicht ordnungsmäßig zu leiten vermag.

Es ist im allgemeinen schwierig und für praktische Bedürfnisse auch gar nicht erforderlich, die weitgehende betriebswissenschaftliche Scheidung in „fixe“ (feste), „degressive“ (zögernd steigende). „proportionale“ (angeglichene), „progressive“ (beschleunigt steigende) und beschränkt „variable“ (veränderliche) Kostenarten durchzuführen. Es genügt vielmehr im allgemeinen die Trennung in „Zeitkosten“ (vorwiegend „feste“, d. h. vom Beschäftigungsgrad mehr oder weniger unabhängige Kosten) und „Mengenkosten“ (vorwiegend dem Beschäftigungsgrad „angeglichene“ Kosten) durchzuführen.

Merkt man dann auf Grund der statistischen Kostenüberwachung, daß man z. B. die Zeitkosten zu stark bemessen hat, d. h. stellt sich heraus, daß bei einem Wechsel des Beschäftigungsgrades die eine oder andere Kostenart doch besser zu den Mengenkosten gerechnet wird, so kann man diese Kostenart immer noch aus der Gruppe der Zeitkosten herausnehmen und unter die Mengenkosten einreihen.

Ist die Trennung einigermaßen gelungen, dann hält man am besten an der durchgeführten Einteilung fest, bis eine wesentliche Änderung der Gegebenheiten eine Berichtigung dringend nahelegt.[3]

In der Erhaltung der einmal angenommenen Vergleichsgrundlagen liegt ein so großer Wert, daß man, um sie zu erfassen, kleine

[1] S. 87 ff.
[2] Schmalenbach: „Der Kontenrahmen“, a. a. O., S. 10.
[3] Schmalenbach: „Der Kontenrahmen“, a. a. O., S. 16.

Ungenauigkeiten dafür in Kauf nehmen kann. Man sollte jedenfalls bedenken, daß selbst eine mangelhafte Trennung von Zeit- und Mengenkosten auf alle Fälle einem Verfahren überlegen ist, das alle sich so verschieden verhaltenden Kosten in einen Topf wirft.[1]

Wenn in der vorliegenden Arbeit der in der Praxis vielfach gebrauchte Ausdruck „Beschäftigungsgrad“ möglichst vermieden und durch das Wort „Leistungsdichte“ ersetzt wird, so geschieht dies aus der Erwägung heraus, daß die Verwendung des Begriffes „Beschäftigungsgrad“ leicht zu Mißverständnissen führen könnte: Es würde jedenfalls schwer verständlich sein, wenn man von einem hohen Beschäftigungsgrade in dem Falle sprechen würde, in dem auf einer Linie eine große Anzahl von Wagenkilometern bei mangelhafter Besetzung des Wagens und von einem niedrigen Beschäftigungsgrade, wenn eine geringe Anzahl von Wagenkilometern bei Überfüllung der Wagen gefahren werden. Es erscheint aus solchen Gründen die Wahl einer Begriffsfassung zweckmäßig, die unmißverständlich ausdrückt, um was es sich handelt. Da hier die Kosten nach ihrer Abhängigkeit von der Anzahl der in einem bestimmten Zeitabschnitt geleisteten Betriebsleistungseinheiten, also nach der Dichte der Betriebsleistungseinheiten gegliedert werden sollen, so erscheint der Ausdruck „Leistungsdichte“ besser geeignet für das, was man sonst als „Beschäftigungsgrad“[2] zu bezeichnen pflegt.

Man wird also im Straßenbahnbetriebe als „Zeitkosten“ die Kostenarten zu bezeichnen haben, die — wenigstens in weiten Grenzen — von der Summe der Betriebsleistungseinheiten annähernd unabhängig sind, während „Mengenkosten“ diejenigen sind, die sich der Leistungsdichte mehr oder weniger angleichen, d. h. in annähernd gleichbleibendem Verhältnis mit ihr steigen oder fallen.

Man tut jedoch gut, noch einen Schritt weiter zu gehen und die Zeitkosten noch einmal zu verteilen, und zwar nach dem Gesichtspunkt, ob sie auch von jenen anderen Größen unabhängig sind oder nicht, die auf die Höhe der „spezifischen“ Kosten, d. h. der Kosten der Leistungseinheit von starkem Einfluß sind: Streckenlänge, Wagenzahl und Wagentyp.

Demgemäß kann man in Anlehnung an Böhm[3] unterscheiden zwischen

I. allgemeinen (generellen) Zeitkosten,
II. besonderen (speziellen) Zeitkosten, und
III. Mengenkosten.

[1] Schmalenbach: a. a. O., S. 16 ff.

[2] „Beschäftigungsgrad“ absolut gemeint (im Sinne tatsächlicher Beschäftigung), nicht relativ wie in dem Fall, wo man ihn als Gradmesser für das Verhältnis der tatsächlichen Leistung eines Betriebes zu seiner Leistungsfähigkeit verwendet.

[3] Böhm: a. a. O., S. 14 ff.

Allgemeine Zeitkosten sind dann diejenigen Kostenarten, deren Höhe sowohl von der Leistungsdichte, als auch von der Streckenlänge oder Wagenzahl bzw. Wagentyp unabhängig sind.

Besondere Zeitkosten sind die Kostenarten, die zwar auch von der Leistungsdichte unabhängig, aber von der Streckenlänge, der Wagenzahl, dem Wagentyp abhängig sind.

Mengenkosten sind schließlich die Kostenarten, die mit der Leistungsdichte annähernd im gleichen Verhältnis steigen oder fallen.

Betrachtet man die Kostenarten unter dem Gesichtspunkt der Einreihung in diese drei Gruppen, so ergeben sich folgende Feststellungen:

Zu den allgemeinen Zeitkosten (I) wird man folgende Kostenarten zu rechnen haben:

a) Verwaltungs- und Bürounkosten,

b) Kosten der Hilfsbetriebe, des Spezial-, Rüst- und Lastwagenparkes usw.,

c) Steuern, Gebühren und Abgaben,

d) Gebäudeunterhaltungskosten,

e) allgemeine Unkosten,

f) Verzinsung und Abschreibung außer für Bahnanlagen, Fahrleitungen, Trieb- und Beiwagen,

g) (unter Umständen) Kosten des Fahrscheindrucks u. a. m.

Alle diese Positionen umfassen selbstverständlich jeweils sämtliche zugehörigen Kostenbestandteile, wie Gehälter, Löhne, soziale Lasten, Materialien und sonstige Stoffe, Ausgaben für Leistungen Dritter usw.

Die vorstehende Position g wird man nicht ohne Widerspruch zu den allgemeinen Zeitkosten rechnen können. Sie bedarf insofern einer besonderen Erläuterung, als sich der Verbrauch an Fahrscheinen bei gleicher mittlerer Besetzung der Wagen durchaus mit der Fahrleistung ändert. Aber solche und ähnliche Ausgaben sind, ebenso wie eine Reihe von Steuern, grundsätzlich nicht von der Betriebsleistung als solcher sondern von den erzielten Einnahmen abhängig. Sie haben also an sich zwar den Charakter fester Kosten, anderseits aber stehen sie in keinem gesetzmäßigen Zusammenhang mit der Höhe der gefahrenen Leistungseinheiten, der Rechnungskilometer.

Eine Einreihung dieser Kosten unter die allgemeinen Zeitkosten hindert im übrigen auch nicht, sie nach dem Verbrauch auf die einzelnen Linien zu verteilen.

Zu den besonderen Zeitkosten (II) zählen:

a) Kosten der Bahnreinigung,

b) Kosten der Wagenreinigung,

c) Verzinsung und Abschreibungen für die Bahnanlagen, Fahrleitungen, Trieb- und Beiwagen,

d) (unter Umständen) unter den allgemeinen Zeitkosten genannte Kostenarten, soweit sie nur für einzelne Linien in Betracht kommen; wie z. B. die Kosten der Wagenhallen und der Unterbringung der Wagen.[1]

Es liegt auf der Hand, daß Zinsen nur insoweit unter die besonderen Zeitkosten aufgenommen werden können, als mit kalkulatorischen Zinsen gerechnet wird. Tatsächlich gezahlte Zinsen sind unter die allgemeinen Zeitkosten zu rechnen.

Mengenkosten (III) sind:

a) Kosten des Fahrdienstes (Gehälter, Löhne, Ausrüstung des Personals usw.),

b) Kosten der Zugkraft (Stromkosten),

c) Kosten der Stromführung (Unterhaltung der Leitungsanlagen),

d) Wagenunterhaltungskosten (Überholung und Instandhaltung des Fahrzeugparkes),

e) Bahnunterhaltungskosten (Gleis- und Bahnkörperunterhaltung).

Die letztgenannte Kostenart (Punkt e) bedarf einer Erläuterung: Soweit es sich um die Unterhaltungskosten der Gleisanlage und des Unterbaues handelt, dürfte eine so starke Beziehung zu der jeweiligen Summe der Betriebsleistungseinheiten bestehen, daß ihre Zurechnung zu den Mengenkosten wohl gerechtfertigt erscheint. Dasselbe dürfte auch von den Pflasterunterhaltungskosten gelten. Sofern die Gleise auf eigenem Bahnkörper verlegt sind, wird die Unterhaltung der dabei üblichen Kies-, Schotter- oder Rasendecke allerdings kaum Kosten auch nur annähernd angeglichenen Charakters verursachen. In diesem Falle würde ihre Zurechnung zu den besonderen Zeitkosten grundsätzlich vorzuziehen sein.

Für die Erkenntnisse, die sich aus der Scheidung der Kosten in „allgemeine Zeitkosten", „besondere Zeitkosten" und „Mengenkosten" gewinnen lassen, ist weiter die Kenntnis der verhältnismäßigen Bedeutung der einzelnen Kostenarten von Wichtigkeit. Eine solche Kenntnis läßt sich natürlich nur auf Grund tatsächlichen Zahlenmaterials schöpfen, und es ist zu begrüßen, daß diesbezügliche Veröffentlichungen erfolgt sind, wenn auch nur ausnahmsweise in Unterscheidung der Kosten nach ihrer Abhängigkeit vom Beschäftigungsgrad. Auch sind die Kosten in der Regel nicht so gegliedert, daß sich eine einwandfreie Trennung nachträglich errechnen läßt. Nur mit dieser Einschränkung ist die nachstehende Zahlentafel 5 a und b zu betrachten, die aber trotzdem ein für die Erkenntnisgewinnung hinreichend klares Bild ergibt.

[1] Die Kosten der Wagenreinigung werden deshalb zu den besonderen Zeitkosten und nicht zu den Mengenkosten gerechnet, weil praktisch jeder im Betrieb verwendete Wagen nach einer gewissen Zeit, und nicht nach einer bestimmten Anzahl zurückgelegter Wagenkilometer gereinigt wird.

Zahlentafel 5.

| | a Nürnberg-Fürther Straßenbahn | | b Straßenbahnbetrieb X | |
|---|---|---|---|---|
| | Betrag in RM | Anteil an den Gesamtkosten in Prozent | Betrag in RM | Anteil an den Gesamtkosten in Prozent- |
| I. Generelle Zeitkosten: | | | | |
| 1. Allgemeine Verwaltungskosten | 319889,— | 2,54 | 1321085,70 | 1,89 |
| 2. Fahrscheinkosten usw. | 105872,— | 0,84 | 606065,85 | 0,87 |
| 3. Unterhaltung der Fuhrwerke, Last- und Rüstwagen usw. | 14099,— | 0,11 | 83873,50 | 0,12 |
| 3a. Gebäudeerhaltung | — | — | 647101,95 | 0,92 |
| 4. Allgemeine Unkosten | 1934379,— | 15,36 | 11256721,85 | 16,07 |
| 5. Gebühren und Abgaben | 1366842,— | 10,86 | 5363374,67 | 7,66 |
| 6. Verzinsung und Abschreibungen außer Abschreibungen für Bahnanlagen, Fahrleitung, Trieb- und Beiwagen | 1035351,— | 8,22 | 9549251,44 | 13,63 |
| Summe der generellen Zeitkosten | 4776432,— | 37,93 | 28827474,96 | 41,16 |
| II. Spezielle Zeitkosten: | | | | |
| 1. Abschreibungen: | | | | |
| a) für Bahnanlagen | 390102,— | 3,10 | 1710467,22 | 2,44 |
| b) Fahrleitungen | 45087,— | 0,36 | 208593,55 | 0,30 |
| c) für Triebwagen | 344101,— | 2,73 | 1752185,93 | 2,50 |
| d) für Beiwagen | 80820,— | 0,64 | — | — |
| 2. Wagenreinigung | 156324,— | 1,24 | 718386,79 | 1,03 |
| 3. Bahnreinigung | 106075,— | 0,84 | 884454,73 | 1,26 |
| Summe der speziellen Zeitkosten | 1122509,— | 8,91 | 5274088,22 | 7,53 |
| III. Mengenkosten: | | | | |
| 1. Fahrdienst (Personalgehälter und Ausrüstung) | 4111299,— | 32,66 | 17180815,85 | 24,53 |
| 2. Zugkraftkosten | 736163,— | 5,85 | 9164873,77 | 13,08 |
| 3. Stromführung | 115251,— | 0,92 | 332576,36 | 0,47 |
| 4. Wagenunterhaltungskosten: | | | | |
| a) normal | 1010064,— | 8,02 | — | — |
| b) Schäden | 227263,— | 1,81 | 5780488,50 | 8,26 |
| 5. Bahnunterhaltung: | | | | |
| a) Geleiseanlage | 437880,— | 3,48 | 2998415,39 | 4,28 |
| b) Pflaster | 52826,— | 0,42 | 484509,15 | 0,69 |
| Summe der Mengenkosten | 6690476,— | 53,16 | 35941679,02 | 51,31 |
| Summe der Gesamtkosten | 12589687,— | 100,00 | 70043242,20 | 100,00 |

Die für die vorliegenden Zwecke am brauchbarsten erscheinende Gliederung ist wohl die von Böhm[1] gewählte der Nürnberg-Fürther Straßenbahn, die in der Zahlentafel 5a wiedergegeben ist, unter Darstellung des prozentualen Anteils der einzelnen Kostenarten an den Gesamtkosten. Nach den Ermittlungen Böhms machen die allgemeinen Zeitkosten rund 38%, die besonderen Zeitkosten rund 9% und die Mengenkosten rund 53%, demnach die beiden letzten Gruppen zusammen 62% der Gesamtkosten aus.

Die größten Einzelposten sind die Kosten des Fahrdienstes (die Fahrpersonalkosten) mit rund 33%, dann die allgemeinen Unkosten mit rund 15%, die Gebühren und Abgaben mit rund 11% und die Kosten für normale Überholung und Instandhaltung des Wagenparkes mit rund 8%, die Verzinsung und Amortisation (außer für Bahnanlagen, Fahrleitungen und Wagen) mit rund 8% und schließlich noch die Zugkraftkosten mit 6%.

Alle übrigen Kostenarten machen jeweils weniger als 5% der Gesamtkosten aus; zusammen nur 19%.

Die Anzahl der Betriebsleistungseinheiten des Beispiels beträgt 18540397 Rechnungswagenkilometer; sie wurden mit 142 Trieb- und 173 Beiwagen geleistet.

Zum Vergleich sind den Böhmschen Zahlen die durch besonderes Entgegenkommen eines anderen (großstädtischen) Straßenbahnunternehmens (Straßenbahnbetrieb X) zur Verfügung gestellten Zahlen, in gleicher Weise gegliedert, gegenübergestellt (Zahlentafel 5b).[2]

Es zeigt sich in den prozentualen Anteilen eine bemerkenswerte Übereinstimmung dieses nicht reichsdeutschen Straßenbahnbetriebes mit der Nürnberg-Fürther Straßenbahn. — Das gilt in erster Linie für die Hauptgruppen. Hier machen die allgemeinen Zeitkosten rund 41% der Gesamtkosten (gegenüber rund 38% bei Nürnberg-Fürth), die besonderen Zeitkosten rund 8% (gegenüber rund 9%) und die Mengenkosten rund 51% (gegenüber rund 53%) aus.

Aber auch in den Einzelposten ist die Übereinstimmung recht weitgehend; eine auffällige Abweichung liegt nur bei den Zugkraftkosten vor.[3]

Die größten Einzelposten sind auch hier die Fahrdienstkosten mit rund 25% (gegenüber rund 33%), die allgemeinen Unkosten mit rund 16% (gegenüber rund 15%), die Verzinsung und Amortisation (ohne Abschreibung für Bahnanlagen und Wagen) mit rund 14% (gegenüber rund 8%), die Zugkraftkosten mit rund 13% (gegenüber rund 6%), die Wagenunterhaltungskosten mit rund 8% (gegenüber rund 10%), die Gebühren und Abgaben mit rund 8% (gegenüber rund 11%). Alle übrigen Kosten machen auch hier jeweils weniger als 5% der Gesamtkosten aus.

[1] Böhm: a. a. O., S. 19 ff.

[2] Bei einigen Posten mußte eine schlüsselmäßige Verteilung vorgenommen werden.

[3] Vgl. S. 67, Abs. 1 v. u., Satz 2 ff.

Nach diesen Feststellungen kann dazu übergegangen werden, auf die Abhängigkeitsverhältnisse der zu den besonderen Zeitkosten und zu den Mengenkosten zu rechnenden Kostenarten näher einzugehen.

## 3. Die Kosten der Betriebsleistungseinheit in ihrer Beziehung zu verkehrsspezifischen Faktoren.

Bei den vorstehenden Ausführungen wurde immer davon ausgegangen, daß eine „Divisionskalkulation“ im Straßenbahnbetriebe nicht anwendbar ist, weil die einzelnen Betriebsleistungseinheiten nicht einheitlich sind hinsichtlich der tatsächlichen Kosten, die sie verursachen. Im folgenden soll nunmehr diese Uneinheitlichkeit begründet werden, indem die Elemente untersucht werden, die sie bedingen.

Zahlentafel 6. Wagenverteilung und Fahrleistung auf den einzelnen Linien der Nürnberg-Fürther Straßenbahn.

| 1 | 2 | 3 | 4 | 5 | 6 | 7 |
|---|---|---|---|---|---|---|
| Linien | Triebwagen | Beiwagen | Triebwagen | Beiwagen | Triebwagen | Beiwagen |
| | | | (Kilometer insgesamt) | | (1000 km je Wagen) | |
| 1 | 9 | 18 | 1169317 | 1881114 | 130,0 | 104,5 |
| 2 | 6 | 9 | 715129 | 633134 | 119,3 | 70,4 |
| 3 | 8 | 12 | 893408 | 794092 | 111,8 | 66,1 |
| 4/14 | 12 | 12 | 1117594 | 922466 | 93,1 | 42,0 |
| 5/15 | 12 | 12 | 1010790 | 701260 | 84,1 | 58,5 |
| 6 | 5 | 0 | 322971 | — | 64,5 | — |
| 7 | 5 | 5 | 429976 | 260794 | 86,0 | 52,1 |
| 8 | 7 | 8 | 870743 | 903864 | 124,3 | 113,0 |
| 9 | 5 | 10 | 562045 | 565366 | 112,5 | 56,5 |
| 11 | 8 | 12 | 563482 | 653458 | 70,5 | 54,5 |
| 12 | 3 | 3 | 374911 | 127682 | 131,3 | 42,5 |
| 13 | 8 | 11 | 516349 | 536450 | 64,5 | 48,8 |
| 17 | 7 | 7 | 550597 | 411866 | 78,6 | 58,9 |
| 18 | 5 | 3 | 381782 | 187812 | 105,0[2] | 86,0[2] |
| 19 | 7 | 7 | 515217 | 494432 | 74,6 | 70,6 |
| 21 | 11 | 20 | 1258938 | 1884366 | 125,7 | 94,4 |
| 22 | 4 | 0 | 106710 | — | 57,9[3] | — |
| 29 | 4 | 2 | 147118 | 15998 | 83,0[3] | 18,0[3] |
| 31 | 6 | 12 | 767806 | 921036 | 128,1 | 76,8 |
| 41 | 5 | 0 | 151497 | — | 68,0[3] | — |
| S. L.[1] | 5 | 0 | 122402 | — | 24,5 | — |
| | 142 | 173 | 12548482 | 11895190 | — | — |
| Mittelwert | | | | | 88,4 | 68,6 |

[1] S. L. = planmäßige Sonderlinie.

[2] Linie 18 war ab 10. Juli 1929 in Betrieb. Die Trieb- und Beiwagenleistung wurde entsprechend der Tagezahl umgerechnet.

[3] Die Linie war ab 20. Oktober 1929 in Betrieb; die Umrechnung erfolgte wie bei Linie 18.

Zahlentafel 7. Länge, Fahrzeiten und Reisegeschwindigkeiten der einzelnen Linien der Nürnberg-Fürther Straßenbahn.

| 1 | 2 | 3 | 4 | 5 | 6 | 7 |
|---|---|---|---|---|---|---|
| Linie | Linienlänge hin und zurück (Kilometer) | Fahrzeit hin und zurück ohne Endaufenthalt (Minuten) | Endaufenthalt an beiden Endpunkten (Minuten) | Anteil der Endaufenthalte an der Reisezeit (Prozent) | Reisegeschwindigkeit ohne Endaufenthalt (Stundenkilometer) | Reisegeschwindigkeit mit Endaufenthalt (Stundenkilometer) |
| 1 | 23,605 | 87,5 | 2,5 | 2,8 | 16,19 | 15,71 |
| 2 | 14,775 | 53 | 7 | 11,7 | 16,73 | 14,77 |
| 3 | 18,585 | 70 | 10 | 12,5 | 15,90 | 13,91 |
| 4/14 | 30,560 | 113 | 7 | 6,0 | 16,21 | 15,22 |
| 5/15 | 12,930 | 51,5 | 8,5 | 14,1 | 15,06 | 12,93 |
| 6 | 9,215 | 42 | 8 | 16,0 | 13,14 | 11,07 |
| 7 | 12,460 | 45 | 5 | 10,0 | 16,61 | 14,89 |
| 8 | 18,655 | 66 | 4 | 5,8 | 16,94 | 15,94 |
| 9 | 13,460 | 47 | 3 | 6,0 | 17,18 | 16,15 |
| 11 | 21,855 | 75 | 5 | 6,1 | 17,48 | 16,40 |
| 12 | 6,580 | 24 | 6 | 20,0 | 16,45 | 13,16 |
| 13 | 19,240 | 70 | 10 | 12,5 | 15,49 | 14,42 |
| 17 | 15,965 | 62 | 8 | 11,4 | 15,46 | 13,64 |
| 18 | 12,810 | 42,5 | 7,5 | 15,0 | 18,08 | 15,39 |
| 19 | 15,950 | 63 | 7 | 10,0 | 15,19 | 13,65 |
| 21 | 27,590 | 100 | 10 | 10,0 | 16,55 | 15,10 |
| 22 | 10.700 | 38 | 2 | 5,0 | 16,90 | 16,06 |
| 29 | 9,790 | 36 | 4 | 10,0 | 16,32 | 14,67 |
| 31 | 17,835 | 54 | 6 | 10,0 | 19,82 | 17,83 |
| 41 | 11,270 | 41 | 9 | 18,0 | 16,50 | 13,50 |
| Mittelwert ................ | | | 6,47 | 10,64 | | 14,72 |

Zunächst sei auf

a) die Abhängigkeit der Selbstkosten der Betriebsleistungseinheit vom Liniencharakter

eingegangen:

Mit „Liniencharakter“ sollen die in den Betriebsbedingungen und den Streckenverhältnissen begründeten Eigenschaften der einzelnen Linie bezeichnet werden, die die Höhe der Selbstkosten der Betriebsleistungseinheit auf dieser Linie beeinflussen.[1] Damit ist zugleich vorausgesetzt, daß alle Eigenschaften der Linie, die nicht auf die Feststellung der Kosten, sondern der Einnahmen einwirken, ausschalten.

Es sind also in Betracht zu ziehen die Linienführung wegen der sich ergebenden Steigungen und Kurven, der Unterbau, die Linienlänge, die Reisegeschwindigkeit, die Dauer der Endaufenthalte, die Verkehrsdichte hinsichtlich der Wagen- bzw. Zugfolge auf den einzelnen Linien u. a. m. Dagegen bleiben unberücksichtigt die Bestim-

[1] Böhm: a. a. O., S. 23.

mungsverhältnisse der von den Linien befahrenen Straßen einschließlich der Frage, ob und inwieweit Verkehrsknotenpunkte und Hauptverkehrsgegenden berührt werden oder nicht. —

Es liegt in der Natur der Sache, wenn die folgenden Feststellungen sich nicht auf die allgemeinen Zeitkosten, sondern nur auf die besonderen Zeitkosten und die Mengenkosten beziehen. —

Um die Unterschiede, die sich für die einzelnen Linien in bezug auf die Selbstkosten ergeben, begründen zu können, scheint es zweckmäßig, zunächst einige tatsächliche Angaben hinsichtlich der Fahrleistung und der Reisegeschwindigkeiten auf den einzelnen Linien, der Länge und der Fahrzeiten der Linien zu geben.

Solche Angaben liegen z. B. eingehend für die Nürnberg-Fürther Straßenbahn vor.[1] Sie sind in den Zahlentafeln 6 und 7 wiedergegeben. Ferner sind die entsprechenden Zahlen der Gemeinde Wien-Städtische Straßenbahnen für einen Stichtag ermittelt worden; sie sind in den Zahlentafeln 8 und 9 enthalten.

Zahlentafel 8. Wagenverteilung und Fahrleistung der Gemeinde Wien-Städtische Straßenbahnen (1930).

| 1 | 2 | 3 | 4 | 5 | 6 | 7 |
|---|---|---|---|---|---|---|
| Linie | Triebwagen | Beiwagen | Triebwagen | Beiwagen | Triebwagen | Beiwagen |
| | | | (Kilometer insgesamt) | | (1000 km je Wagen) | |
| AB | 31 | 62 | 4291,424 | 8582,848 | 138,50 | 138,25 |
| C | 8 | 8 | 1070,249 | 1070,249 | 133,75 | 133,75 |
| D | 17 | 32 | 2330,081 | 4648,530 | 137,— | 145,— |
| F | 30 | 32 | 4349,608 | 4302,040 | 145,— | 136,— |
| G | 17 | 34 | 2704,339 | 3735,921 | 158,90 | 109,90 |
| H | 14 | 14 | 2016,665 | 1765,424 | 145,25 | 126,— |
| $H_2$ | 20 | 19 | 2498,668 | 2495,518 | 124,95 | 131,50 |
| J | 36 | 36 | 5447,846 | 4287,308 | 151,20 | 119,20 |
| $J_2$ | 19 | 20 | 2778,731 | 2787,050 | 119,10 | 114,50 |
| L | 20 | 19 | 2938,928 | 2911,646 | 147,— | 154,— |
| M | 14 | 14 | 2371,984 | 2371,984 | 169,25 | 169,25 |
| N | 14 | 14 | 2396,666 | 2396,666 | 171,— | 171,— |
| O | 34 | 70 | 5140,077 | 10283,890 | 151,— | 146,80 |
| V | 16 | 16 | 2165,941 | 2143,984 | 135,25 | 134,10 |
| 2 | 29 | 29 | 4180,083 | 4168,212 | 144,20 | 143,90 |
| 3 | 18 | 18 | 2521,948 | 2521,948 | 141,25 | 141,25 |
| 4 | 10 | 1 | 1238,451 | — | 141,25 | 141,25 |
| 5 | 38 | 38 | 5868,315 | 5868,315 | 154,80 | 154,80 |
| 6 | 21 | 21 | 2326,040 | 2769,137 | 119,— | 108,10 |
| 7 | 5 | 8 | 683,584 | 747,928 | 136,75 | 93,50 |
| 8 | 30 | 60 | 4135,572 | 8140,884 | 138,— | 135,80 |
| 10 | 4 | 4 | 588,900 | 153,114 | 147,20 | 38,25 |
| 13 | 21 | 21 | 2430,527 | 2030,527 | 115,90 | 115,90 |

[1] Böhm: a. a. O., S. 28, 31 und 32.

*Fortsetzung der Zahlentafel 8.*

| 1 | 2 | 3 | 4 | 5 | 6 | 7 |
|---|---|---|---|---|---|---|
| Linie | Triebwagen | Beiwagen | Triebwagen | Beiwagen | Triebwagen | Beiwagen |
| | | | (Kilometer insgesamt) | | (1000 km je Wagen | |
| 15 | 8 | 8 | 1509,392 | 1509,392 | 188,50 | 188,50 |
| 16 | 9 | 18 | 735,702 | 1014,324 | 87,50 | 56,40 |
| 17 | 5 | 6 | 613,874 | 258,088 | 122,90 | 143,25 |
| 18 | 9 | 18 | 1389,562 | 2779,124 | 154,25 | 154,— |
| 24 | 5 | 6 | 552,624 | 462,176 | 116,— | 76,90 |
| 25 | 7 | 14 | 1399,159 | 2798,318 | 199,50 | 199,50 |
| 31 | 9 | 18 | 1657,952 | 3315,004 | 184,20 | 184,20 |
| 32 | 6 | 3 | 483,687 | 148,580 | 80,60 | 49,60 |
| 34 | 3 | — | 291,788 | — | 97,40 | — |
| 36 | 6 | 14 | 1275,972 | 1658,617 | 212,50 | 118,20 |
| 37 | 13 | 12 | 1659,237 | 1653,373 | 127,25 | 137,90 |
| 38 | 11 | 22 | 1497,864 | 2759,955 | 136,— | 125,50 |
| 39 | 8 | 16 | 1308,182 | 1342,486 | 163,50 | 83,75 |
| 40 | 11 | 12 | 1408,912 | 1412,748 | 127,90 | 117,90 |
| 41 | 16 | 15 | 2662,832 | 2652,666 | 166,75 | 176,75 |
| 41a | 7 | 7 | 950,288 | 950,288 | 135,80 | 135,80 |
| 43 | 11 | 22 | 1883,795 | 3196,188 | 171,25 | 145,25 |
| 46 | 15 | 30 | 2026,233 | 3217,905 | 135,25 | 107,20 |
| 47 | 2 | — | 293,220 | — | 146,50 | — |
| 49 | 20 | 40 | 2997,209 | 5430,952 | 149,90 | 135,80 |
| 50 | 10 | 10 | 1321,779 | 1219,219 | 132,20 | 121,90 |
| 51 | 14 | 14 | 2105,560 | 1947,146 | 150,50 | 139,— |
| 52 | 16 | 16 | 2656,222 | 2656,222 | 165,90 | 165,90 |
| 57/157 | 15 | 14 | 2062,603 | 2022,804 | 137,25 | 144,25 |
| 58 | 16 | 15 | 2627,134 | 2556,572 | 164,25 | 170,50 |
| 59 | 16 | 17 | 2122,868 | 2125,508 | 132,25 | 125,20 |
| 60 | 14 | 26 | 4753,302 | 4753,302 | 186,90 | 183,— |
| 61 | 21 | 20 | 2767,008 | 2655,001 | 131,90 | 132,75 |
| 62 | 20 | 20 | 3468,636 | 3568,636 | 173,50 | 178,50 |
| 63 | 16 | 16 | 2102,464 | 2102,264 | 131,25 | 131,25 |
| 64 | 5 | 5 | 784,686 | 584,511 | 157,— | 117,— |
| 65 | 9 | 9 | 1337,382 | 1275,822 | 148,50 | 141,95 |
| 66 | 13 | 14 | 1577,252 | 1515,619 | 121,20 | 107,50 |
| 67 | 17 | 18 | 2174,347 | 2089,264 | 127,75 | 116,20 |
| 68 | 4 | — | 648,521 | — | 162,25 | — |
| 71 | 20 | 42 | 3046,988 | 6022,112 | 152,50 | 143,25 |
| 72 | 2 | — | 420,019 | — | 210,— | — |
| 73 | 6 | 6 | 771,890 | 365,007 | 123,80 | 60,80 |
| 74 | 9 | 8 | 1423,974 | 1355,286 | 158,10 | 169,25 |
| 80 | 4 | — | 614,132 | — | 153,25 | — |
| 118 | 12 | 24 | 1767,873 | 3343,507 | 147,— | 139,10 |
| 158 | 2 | — | 276,214 | — | 138,— | — |
| 167 | 1 | — | 160,378 | — | 160,— | — |
| 117 | 2 | — | 328,452 | — | 164,— | — |
| 67 Linien | 911 | 1165 | 130719,041 | 158296,209 | — | — |
| Mittelwert . . . . . . . . . . . . . . . . . . . . . . . . . . . . . . . . . . . | | | | | 143,37 | 135,87 |

Zahlentafel 9. Länge, Fahrzeiten und Reisegeschwindigkeiten auf den einzelnen Linien der Gemeinde Wien-Städtische Straßenbahnen (1930).

| 1 | 2 | 3 | | | 4 |
|---|---|---|---|---|---|
| Linie | Linienlänge hin und zurück (Kilometer) | Fahrzeit hin und zurück ohne Aufenthalt in Minuten | | | Beförderungsgeschwindigkeit (Reisegeschwindigkeit ohne Endaufenthalte) (km pro Stunde) |
| | | hin | zurück | zusammen | |
| A, B | 21,4 | 54 | 53 | 107 | 12,00 |
| C | 9,3 | 24 | 23 | 47 | 11,88 |
| D | 12,3 | 34 | 34 | 68 | 11,02 |
| F | 18,1 | 45 | 45 | 90 | 12,09 |
| G, H | 17,2 | 45 | 45 | 90 | 11,48 |
| H | 17,7 | 42 | 42 | 84 | 12,63 |
| $H_2$ | 18,4 | 45 | 45 | 90 | 12,28 |
| J | 18,5 | 49 | 47 | 96 | 12,33 |
| $J_2$ | 15,5 | 41 | 41 | 82 | 11,35 |
| L | 19,4 | 49 | 49 | 98 | 11,89 |
| M | — | — | — | — | — |
| N | 10,5 | 53 | 51 | 104 | 6,0 |
| O | 18,0 | 45 | 45 | 90 | 12,— |
| V | 15,8 | 40 | 40 | 80 | 11,84 |
| 2 | 11,6 | 30 | 31 | 61 | 11,39 |
| 3 | 14,5 | 39 | 38 | 77 | 11,29 |
| 4 | 8,8 | 16 | 16 | 32 | 16,46 |
| 5 | 16,0 | 42 | 42 | 84 | 11,42 |
| 6 | 10,03 | 28 | 27 | 55 | 11,21 |
| 7 | 5,5 | 11 | 11 | 22 | 15,— |
| 8 | 15,9 | 42 | 42 | 84 | 11,35 |
| 10 | 5,9 | 20 | 20 | 40 | 8,86 |
| 13 | 11,8 | 38 | 38 | 76 | 9,32 |
| 15 | 11,6 | 26 | 27 | 53 | 13,12 |
| 16 | 11,8 | 29 | 29 | 58 | 12,20 |
| 17 | 7,5 | 16 | 16 | 32 | 14,08 |
| 18 | 13,6 | 30 | 29 | 59 | 13,84 |
| 24 | 7,2 | 18 | 18 | 36 | 11,99 |
| 25 | 10,9 | 27 | 27 | 54 | 12,10 |
| 31 | 18,66 | 46 | 46 | 92 | 12,12 |
| 32 | 5,0 | 12 | 12 | 24 | 12,51 |
| 34 | 4,3 | 11 | 11 | 22 | 11,72 |
| 36 | 12,1 | 25 | 25 | 50 | 14,52 |
| 37 | 9,4 | 23 | 23 | 46 | 12,25 |
| 38 | 11,6 | 28 | 28 | 56 | 12,43 |
| 39 | 12,3 | 30 | 30 | 60 | 12,31 |
| 40 | 8,03 | 22 | 22 | 44 | 10,96 |
| 41 | 10,7 | 24 | 24 | 48 | 13,41 |
| 41a | 9,1 | 24 | $24^1/_2$ | 49 | 11,13 |
| 43 | 13,0 | 28 | 28 | 56 | 13,94 |
| 46 | 9,6 | 23 | 23 | 46 | 12,51 |
| 47 | 5,4 | 13 | 13 | 26 | 12,47 |

Aus der Zahlentafel 6 (Wagenverteilung und Fahrleistung auf den einzelnen Linien der Nürnberg-Fürther Straßenbahn) ergibt sich ein Durchschnitt von 88 400 Triebwagenkilometern je Triebwagenjahr und von 68 600 Beiwagenkilometern je Beiwagenjahr. Ein Vergleich der Linienleistungen in den Spalten 6 und 7 mit ihren Durchschnittswerten zeigt ganz erhebliche Fahrleistungsunterschiede. So weicht z. B. die Fahrleistung der Triebwagen der Linie 12 um nicht weniger als 48% nach oben und die der Fahrleistung der Linie 13 um 27% nach unten von dem Durchschnittswert ab. Bei der „Sonderlinie" (S. L.) beträgt die Abweichung sogar minus 72%. Noch größer sind die Abweichungen vom Mittelwert bei den Beiwagen. Hier liegt die größte Abweichung nach oben mit plus 64% bei der Linie 8 und die größte Abweichung nach unten mit minus 74% bei der Linie 29.

Ähnlich erheblich sind die Abweichungen vom Mittelwert, die sich aus der Zahlentafel 7 ergeben:

Ganz abgesehen von den starken Unterschieden in der absoluten Dauer der Endaufenthalte und der Reisegeschwindigkeit bei den einzelnen Linien ist auf die erheblichen Abweichungen des Anteils der Endaufenthalte an der Gesamtreisezeit vom Mittelwert hinzuweisen. So zeigt sich bei der Linie 12 eine Abweichung nach oben von nicht weniger als 80% und bei der Linie 1 eine Abweichung nach unten von 70% vom Mittelwert.

Nicht anders das Bild bei der Gemeinde Wien-Städtische Straßenbahnen: Hier beträgt der Tagesmittelwert aller Linien 143,37 km je Triebwagen und 135,87 km je Beiwagen. Demgegenüber zeigt die Fahrleistung der Triebwagen der Linie 32 nur 80,6 km/Wagen, während die Triebwagen der Linie 36 nicht weniger als 212,5 km/Wagen leisten. Die Leistung auf der Linie 32 weicht damit um 44% nach unten, auf der Linie 36 um 48% nach oben vom Mittelwert ab. Bei den Beiwagen liegt die geringste Leistung je Wagen mit 38,25 km auf der Linie 10, die höchste mit 199,5 km auf der Linie 25. Die prozentuale Abweichung vom Mittelwert beträgt im ersten Falle 72% nach unten, im letzten Falle 47% nach oben.

Bei der Zahlentafel 9 (Länge, Fahrzeiten und Reisegeschwindigkeiten auf den einzelnen Linien der „Gemeinde Wien-Städtische Straßenbahnen") werden Zahlen über die Endaufenthalte und infolgedessen auch über die Reisegeschwindigkeiten mit Endaufenthalten nicht gegeben,[1] obwohl gerade diese Angaben für die Ermittelung der Ausnutzung des Personals von Wichtigkeit sind, und gerade der verschiedene prozentuale Anteil der Endaufenthalte an den Fahrzeiten erheblich dazu beiträgt, einen einigermaßen proportio-

[1] Die Direktion des betreffenden Unternehmens teilte mit, daß diese Angaben nicht gemacht werden konnten, da die Zugabstände und damit auch die Endaufenthalte sich während des Tages — dem Verkehrsbedürfnisse angepaßt — so stark ändern, daß eine entsprechende Statistik sich nicht lohnt.

nalen Verlauf der Fahrdienstkosten zu verhindern. Die Zahlentafel kann daher nur als Beleg für die erheblichen Unterschiede in der Beförderungsgeschwindigkeit gewertet werden, die übrigens auf einzelnen Linien erstaunlich niedrig ist. Auch sei im Hinblick auf die daraus zu ziehenden Schlüsse auf die große Zahl sehr kurzer Linien aufmerksam gemacht.

Ähnliche Schlüsse, wie aus diesen Zahlentafeln, lassen sich auch aus der Zahlentafel 10 ziehen, in der Verkehrszahlen der einzelnen Linien der Berliner Straßenbahn wiedergegeben sind.

Das Vorhandensein so großer Unterschiede in den Betriebsbedingungen der einzelnen Linien führt aber mit Bezug auf die Selbstkostenrechnung zwingend zu der Forderung, das Rechnen mit Kostendurchschnittswerten für den ganzen Betrieb abzulehnen und zu einer genaueren Kostenerfassung und Kostenverteilung überzugehen (Kostenstellenrechnung mit synthetischer Kostenerfassung):

Betrachtet man zunächst die besonderen Zeitkosten, so kommen hier in Frage

1. die Abschreibungen für die Bahnanlagen,
2. die Abschreibungen für die Fahrleitung,
3. die Bahnreinigungskosten.

Sieht man auch davon ab, daß der der Abschreibung zugrunde liegende Anlagewert der Bahnanlage und der Fahrleitung der einzelnen Teilstrecken verschieden hoch sein kann und in der Regel auch sein wird, so scheint es doch fehlerhaft, den Abschreibungsbetrag gleichmäßig unmittelbar auf die Betriebsleistungseinheiten umzulegen; vielmehr muß zunächst der auf die Summe aller Betriebslängeneinheiten entfallende Betrag ermittelt und dann der auf die einzelnen Teile entfallende Anteil auf sämtliche Betriebsleistungseinheiten umgelegt werden, die von allen über eine Teilstrecke hinwegführenden Linien im Laufe des jeweils betrachteten Rechnungsabschnittes auf dieser Teilstrecke erzielt werden. Es ist klar, daß damit auf wenig befahrenen Strecken erzielte Betriebsleistungseinheiten einen verhältnismäßig höheren Anteil an den Abschreibungen zu tragen haben als solche, die auf viel befahrenen Streckenabschnitten geleistet werden.

Die Verwendung der Betriebslängen als Bezuggröße erscheint deshalb am geeignetsten, weil sie die Summe aller Strecken der Bahnanlage darstellt, auf denen fahrplanmäßig Linien betrieben werden.[1] Ob die Strecken ein- oder mehrgleisig ausgebaut sind bleibt dabei mit Recht außer Betracht, denn die Abnutzung der Bahnanlage und der Fahrleitung, der ja die Abschreibung entsprechen soll, steigt und fällt im umgekehrten Verhältnis mit der Zahl der parallel verlegten Gleise. Allerdings ist zu beachten, daß die Wahl der Betriebslänge als Bezugsgröße erfordert, daß die Kosten der von ihr nicht erfaßten Gleise, wie Zufahrts-, Abstell-, Rangier-,

[1] S. S. 12.

Zahlentafel 10. Verkehrszahlen der einzelnen Linien der Berliner Straßenbahn (1930).

| Linie | Linienlänge 1930 Kilometer | Zahlen in tausend Kilometern | | | Davon Einsetzleistungen | | Beförderte Fahrgäste einschließlich innerer Umsteiger | Reiselänge nach der Zählung v. 12. November 1930 | Fahrgäste je | |
|---|---|---|---|---|---|---|---|---|---|---|
| | | Triebwagen | Beiwagen | Wagen | Wagenkilometer | Prozent | | | Wagenkilometer | Wagen |
| 1 | 14,1 | 1685 | 1290 | 2975 | — | — | 24322 | 2,56 | 8,2 | 21 |
| 2 | 16,4 | 756 | — | 756 | — | — | 4525 | 2,55 | 6,0 | 15 |
| 3 | 28,0 | 2427 | 1930 | 4357 | — | — | 31213 | 3,45 | 7,2 | 18 |
| 4 | 26,3 | 2319 | 174 | 2493 | 814 | 33,7 | 19778 | 3,34 | 7,9 | 26 |
| 5 | 30,1 | 1903 | 1251 | 3154 | 63 | 2,0 | 22228 | 3,79 | 7,0 | 27 |
| 6 | 35,0 | 2227 | 1554 | 3781 | 280 | 7,4 | 20489 | 3,79 | 5,4 | 20 |
| 7 | 7,5 | 785 | — | 785 | — | — | 7326 | 2,10 | 9,3 | 20 |
| 8 | 18,1 | 1344 | 695 | 2039 | 44 | 2,2 | 12698 | 3,79 | 6,2 | 23 |
| 9 | 19,0 | $1141^3/_4$ | 603 | 1744 | 40 | 2,3 | 12339 | 3,38 | 7,1 | 24 |
| 12 | 20,1 | 1092 | 280 | 1372 | 122 | 8,9 | 6718 | 4,08 | 4,9 | 20 |
| 13 | 15,9 | 1087 | 560 | 1647 | 240 | 14,6 | 8032 | 4,09 | 4,9 | 20 |
| 14 | 8,6 | 428 | — | 428 | — | — | 2547 | 3,18 | 6,0 | 19 |
| 15 | 21,8 | 1317 | 675 | 1992 | 79 | 4,0 | 11779 | 3,75 | 5,9 | 22 |
| 115 | 15,3 | 864 | 326 | 1190 | — | — | 6198 | 4,01 | 5,2 | 21 |
| 16 | 14,7 | 816 | 21 | 837 | 226 | 27,0 | 5697 | 4,10 | 6,8 | 28 |
| 17 | 23,1 | 1058 | 110 | 1168 | 104 | 8,9 | 7399 | 3,61 | 6,3 | 23 |
| 19 | 10,7 | 674 | 274 | 948 | 100 | 10,5 | 6000 | 3,75 | 6,3 | 24 |
| 119 | 17,6 | 824 | 400 | 1224 | 28 | 2,3 | 7589 | 3,46 | 6,2 | 21 |
| 221 | 14,9 | 634 | 101 | 735 | 57 | 7,8 | 4182 | 3,92 | 5,7 | 22 |
| 23 | 17,9 | 1038 | 343 | 1381 | 79 | 5,7 | 7527 | 3,74 | 5,5 | 21 |
| 24 | 15,1 | 1067 | 691 | 1758 | 211 | 12,0 | 9111 | 4,40 | 5,2 | 23 |
| 25 | 19,1 | 861 | 477 | 1338 | 30 | 2,2 | 7047 | 4,68 | 5,3 | 25 |
| 27 | 20,9 | 1402 | 1237 | 2639 | 105 | 4,0 | 15103 | 4,48 | 5,7 | 26 |

| | | | | | | | | | | |
|---|---|---|---|---|---|---|---|---|---|---|
| 28 | 21,8 | 1264 | 1349 | 2613 | 1171 | 44,8 | 10449 | 5,36 | 4,0 | 21 |
| 128 | 21,0 | 908 | 881 | 1789 | 383 | 21,4 | 6932 | 5,46 | 3,9 | 21 |
| 29 | 24,8 | 1266 | 972 | 2238 | 4 | 0,2 | 12187 | 4,22 | 5,4 | 23 |
| 32 | 16,8 | 1199 | 435 | 1634 | 303 | 18,5 | 8627 | 3,39 | 5,3 | 18 |
| 132 | 15,9 | 220 | 75 | 295 | — | — | 1525 | 2,96 | 5,2 | 15 |
| 35 | 15,1 | 640 | 1 | 641 | — | — | 4687 | 4,21 | 7,3 | 31 |
| 36 | 14,3 | 304 | 268 | 572 | 82 | 14,3 | 3724 | 2,93 | 6,5 | 19 |
| 38 | 8,6 | 211 | 57 | 268 | 42 | 15,7 | 1816 | 3,44 | 6,8 | 23 |
| 40 | 17,7 | 1070 | 467 | 1537 | 57 | 3,7 | 7746 | 4,07 | 5,0 | 20 |
| 41 | 22,6 | 1861 | 1592 | 3453 | 672 | 19,5 | 18974 | 4,03 | 5,5 | 22 |
| 42 | 7,9 | 80 | 14 | 94 | — | — | 577 | 1,94 | 6,1 | 12 |
| 43 | 21,6 | 966 | 508 | 1474 | 58 | 3,9 | 7359 | 3,80 | 5,0 | 19 |
| 44 | 23,2 | 1488 | 1225 | 2712 | 6 | 0,2 | 16251 | 3,91 | 6,0 | 23 |
| 45 | 20,9 | 1021 | 788 | 1809 | 37 | 2,0 | 11205 | 4,00 | 6,2 | 25 |
| 47 | 21,7 | 1528 | 1342 | 2870 | 450 | 15,7 | 15511 | 4,07 | 5,4 | 22 |
| 48 | 19,8 | 1382 | 976 | 2358 | 369 | 15,6 | 12870 | 4,12 | 5,5 | 23 |
| 148 | 12,9 | 530 | 394 | 924 | — | — | 4851 | 3,14 | 5,3 | 17 |
| 49 | 12,3 | 557 | 422 | 979 | 105 | 10,7 | 6092 | 3,41 | 6,2 | 21 |
| 51 | 21,3 | 1182 | 668 | 1850 | 124 | 6,7 | 9900 | 4,15 | 5,4 | 22 |
| 53 | 20,1 | 958 | 32 | 990 | 117 | 11,8 | 5603 | 3,45 | 5,7 | 20 |
| 54 | 24,0 | 1376 | 845 | 2221 | 43 | 1,9 | 10455 | 4,29 | 4,7 | 20 |
| 154 | 26,3 | 1446 | 994 | 2340 | 2 | 0,1 | 12810 | 4,15 | 5,5 | 23 |
| 55 | 26,6 | 1797 | 1566 | 3363 | 410 | 12,2 | 15173 | 3,94 | 4,5 | 18 |
| 56 | 21,8 | 1229 | 990 | 2219 | — | — | 11949 | 4,05 | 5,4 | 22 |
| 57 | 18,3 | 986 | 758 | 1744 | — | — | 9583 | 3,87 | 5,5 | 21 |
| 58 | 25,1 | 1459 | 1280 | 2739 | 406 | 14,8 | 12849 | 4,56 | 4,7 | 21 |
| 60 | 17,7 | 1189 | 575 | 1762 | 172 | 9,8 | 8653 | 3,91 | 4,9 | 19 |
| 61 | 16,5 | 688 | 493 | 1181 | — | — | 5904 | 4,40 | 5,0 | 22 |
| 62 | 17,6 | 971 | 246 | 1217 | — | — | 6644 | 3,61 | 5,5 | 20 |

*Fortsetzung der Zahlentafel 10.*

| Linie | Linienlänge 1930 Kilometer | Zahlen in tausend Kilometern | | | Davon Einsetzleistungen | | Beförderte Fahrgäste einschließlich innerer Umsteiger | Reiselänge nach der Zählung v. 12. November 1930 | Fahrgäste je | |
|---|---|---|---|---|---|---|---|---|---|---|
| | | Triebwagen | Beiwagen | Wagen | Wagenkilometer | Prozent | | | Wagenkilometer | Wagen |
| 63 | 25,0 | 1506 | 954 | 2460 | 178 | 7,2 | 15155 | 3,58 | 6,2 | 22 |
| 64 | 15,7 | 884 | 604 | 1488 | 429 | 28,8 | 8215 | 4,40 | 5,5 | 24 |
| 65 | 15,2 | 905 | 513 | 1418 | 217 | 15,3 | 8042 | 4,39 | 5,7 | 25 |
| 66 | 21,3 | 1248 | 1121 | 2369 | 605 | 25,5 | 13590 | 4,28 | 5,7 | 24 |
| 68 | 20,8 | 1409 | 1258 | 2667 | 241 | 9,0 | 14571 | 4,12 | 5,5 | 23 |
| 168 | 12,7 | 839 | 668 | 1507 | — | — | 8821 | 4,08 | 5,9 | 24 |
| 69 | 16,6 | 1822 | 1427 | 3249 | 145 | 4,4 | 18565 | 4,04 | 5,7 | 23 |
| 169 | 25,2 | 36 | 31 | 67 | — | — | 328 | 4,04 | 4,9 | 20 |
| 70 | 18,2 | 1232 | 863 | 2095 | 90 | 4,3 | 11049 | 4,04 | 5,3 | 21 |
| 71 | 23,2 | 1013 | 397 | 1410 | 2 | 0,1 | 7333 | 4,45 | 5,2 | 23 |
| 72 | 19,2 | 1326 | 1005 | 2331 | 327 | 14,0 | 10506 | 3,52 | 4,5 | 16 |
| 73 | 13,6 | 771 | 494 | 1265 | 78 | 6,2 | 7404 | 3,83 | 5,9 | 23 |
| 74 | 17,2 | 1261 | 1081 | 2342 | 335 | 14,3 | 12072 | 4,20 | 5,2 | 22 |
| 174 | 15,5 | 744 | 417 | 1161 | 22 | 0,2 | 6548 | 4,70 | 5,6 | 23 |
| 75 | 20,6 | 1467 | 1276 | 2743 | 357 | 13,0 | 11961 | 5,09 | 4,4 | 22 |
| 76 | 21,9 | 1318 | 1003 | 2321 | — | — | 11945 | 3,85 | 5,1 | 21 |
| 176 | 19,9 | 1204 | 895 | 2099 | 171 | 8,1 | 11072 | 3,58 | 5,3 | 19 |
| 77 | 11,4 | 716 | — | 716 | 5 | 0,7 | 3975 | 3,25 | 5,6 | 18 |
| 177 | 16,0 | 1090 | 682 | 1772 | 166 | 9,4 | 9241 | 3,92 | 5,2 | 20 |
| 78 | 15,6 | 692 | 52 | 744 | 1 | 0,1 | 3815 | 3,63 | 5,1 | 19 |
| 79 | 14,7 | 912 | 6 | 918 | 97 | 10,6 | 5705 | 3,66 | 6,2 | 23 |
| 82 | 7,9 | 628 | 225 | 853 | 2 | 0,2 | 4997 | 2,97 | 5,9 | 18 |
| 83 | 12,2 | 6199 | 303 | 922 | 370 | 40,1 | 5117 | 3,51 | 5,4 | 19 |
| 84 | 13,5 | 446 | 118 | 564 | 43 | 7,4 | 2686 | 3,38 | 4,8 | 16 |

| | | | | | | | | | | |
|---|---|---|---|---|---|---|---|---|---|---|
| 184 | 12,4 | 308 | 20 | 328 | — | — | 1 399 | 3,33 | 4,3 | 14 |
| 86 | 14,4 | 801 | 291 | 1 092 | 542 | 49,6 | 4 120 | 5,06 | 3,8 | 19 |
| 87 | 19,3 | 968 | 787 | 1 755 | 667 | 38,0 | 7 050 | 5,29 | 4,0 | 21 |
| 187 | 25,8 | 908 | 790 | 1 698 | 215 | 12,7 | 6 277 | 5,17 | 3,7 | 19 |
| 88 | 25,3 | 1 463 | 1 282 | 2 745 | 1 164 | 42,4 | 13 239 | 4,55 | 4,8 | 22 |
| 89 | 20,5 | 1 036 | 481 | 1 517 | 70 | 4,6 | 8 656 | 3,77 | 5,7 | 21 |
| 90 | 4,0 | 529 | 135 | 661 | — | — | 5 691 | 2,32 | 8,6 | 20 |
| 91 | 22,4 | 1 229 | 90 | 1 319 | 93 | 7,1 | 7 171 | 3,94 | 5,4 | 21 |
| 191 | 14,0 | 770 | 205 | 975 | — | — | 5 378 | 3,83 | 5,5 | 21 |
| 92 | 14,2 | 664 | 5 | 669 | 5 | 0,7 | 4 788 | 3,73 | 7,2 | 27 |
| 93 | 17,3 | 1 083 | 649 | 1 732 | 109 | 6,3 | 9 950 | 3,40 | 5,7 | 19 |
| 95 | 21,6 | 1 240 | 1 006 | 2 246 | 147 | 6,5 | 10 525 | 5,09 | 4,7 | 24 |
| 96 | 21,9 | 1 023 | 787 | 1 810 | 319 | 17,6 | 8 671 | 5,15 | 4,8 | 25 |
| 97 | 1,6 | 71 | 16 | 87 | 2 | 2,3 | 678 | 2,19 | 7,8 | 17 |
| 98 | 16,3 | 926 | 241 | 1 167 | 77 | 6,6 | 6 227 | 3,81 | 5,3 | 21 |
| 99 | 23,9 | 2 586 | 2 445 | 5 031 | 2 086 | 41,5 | 24 156 | 4,69 | 4,8 | 23 |
| 199 | 21,8 | 1 420 | 1 181 | 2 601 | 479 | 18,4 | 13 673 | 5,18 | 5,3 | 27 |
| 100 | 9,9 | 381 | 210 | 591 | 34 | 5,8 | 2 525 | 4,33 | 4,3 | 18 |
| 120 | 12,3 | 185 | 6 | 191 | — | — | 284 | 8,54 | 1,5 | 13 |
| Gesamt-netz | 1716,2 | 99 202 | 59 124 | 158 326 | 17 532 | 11,1 | 873 815 | 3,98 | 5,5 | 22 |
| Bei einfacher Zählung der inneren Umsteiger sind abzusetzen | | | | | | | 152 671 | | | |
| Es bleiben dann Fahrten im Rechnungsverkehr | | | | | | | 721 144 | 4,70 | 4,6 | 22 |
| Davon ab: zweite Fahrt der Übersteiger von U.-Bahn und Omnibus | | | | | | | 94 842 | | | |
| Bleibt: Barverkehr | | | | | | | 626 302 | 5,6 | 3,9 | 22 |

Werkstätten- und Bahnhofsgleise gleichmäßig auf die Betriebslängeneinheiten verteilt werden.

Streng genommen muß man sogar noch einen Schritt weitergehen und die Verschiedenheit der Anlagewerte der Bahnanlage und der Fahrleitung der einzelnen Teilstrecken bei den Abschreibungen berücksichtigen, die sehr erheblich sein können. Ob man dabei so vorgeht, daß man von vornherein die Abschreibungen von den Anlagewerten der einzelnen Teilstrecken berechnet oder ob man nach dem Vorschlage Böhms[1] zunächst den Abschreibungsanteil je Kilometer Betriebslänge für den Gesamtbetrieb berechnet und den sich so ergebenden Wert mit einem Korrekturfaktor multipliziert, hängt im wesentlichen davon ab, ob man die Kostenunterschiede nur kalkulatorisch oder auch buchhalterisch berücksichtigen will. Bei der in der vorliegenden Arbeit vertretenen und durch die Benutzung eines Kontenschaubildes in Anlehnung an den Schmalenbachschen Kontenrahmen unterstützten Auffassung jedenfalls sollten die Unterschiede auch buchhalterisch in Erscheinung treten.

Im Gegensatz dazu hält Böhm[2] die Einführung des Korrekturfaktors „nur bei der Kalkulation neuer Linien für nötig und nützlich, da hier ... ganz erhebliche Abweichungen der speziellen Anlagewerte vom Mittelwert auftreten können". Diese Beschränkung nur auf neue Linien erscheint nicht recht begründet.

Wie die Abschreibungen, sind auch die Kosten der Bahnreinigung für die einzelnen Teilstrecken unter Umständen sehr verschieden, je nachdem die Fahrbahn im Straßenpflaster oder aber auf eigenem Bahnkörper geführt ist, je nachdem Rillenschienen oder „Vignol"-Schienen verlegt sind, je nachdem die Fahrbahn gepflastert, mit Schotter oder mit Rasen belegt ist, je nachdem, ob viele Weichen vorhanden sind oder nicht u. a. m.

Da aber die Bahnreinigungskosten nur rund 1% der Gesamtkosten ausmachen, wird man in diesem Falle von einer Ermittelung der Unterschiede entweder ganz absehen können oder man wird sich im Wege der Schätzung mit einem Verteilungsschlüssel begnügen dürfen. Auch in diesem Falle ergibt sich natürlich durch die verschieden starke Befahrung der einzelnen Teilstrecken ein verschieden hoher Anteil der einzelnen Betriebsleistungseinheiten an diesen Kosten, sofern man überhaupt Kostenstellen bildet.

Auch der Anteil der Betriebsleistungseinheiten an den Mengenkosten wird in erheblichem Maße vom Liniencharakter beeinflußt: Von diesen Kosten sollen hier betrachtet werden:

1. die Kosten für den Fahrdienst,
2. die Kosten für die Zugkraft,
3. die Kosten für die Wagenunterhaltung,
4. die Kosten für die Bahnunterhaltung.

---

[1] Böhm: a. a. O., S. 24 ff.
[2] Böhm: a. a. O., S. 25.

Die Kosten für den Fahrdienst bestehen in der Hauptsache aus Zeitlöhnen oder Monatsgehältern. Das hat zur Folge, daß der Anteil der Betriebsleistungseinheit an diesen Kosten von der Ausnutzung des Fahrpersonals abhängt, d. h. von der Anzahl der in der Zeiteinheit geleisteten Betriebsleistungseinheiten. Diese aber ist für die einzelnen Linien verschieden, denn sie ist der Reisegeschwindigkeit auf den einzelnen Linien proportional. Es ist selbstverständlich, daß dabei die Reisegeschwindigkeit mit Endaufenthalten zugrunde gelegt werden muß.

Die erhebliche Bedeutung der Endaufenthalte ist aus der Zahlentafel 7 (S. 56) deutlich ersichtlich,[1] wobei noch einmal auf die verschiedene Größe des Anteils des Endaufenthaltes an der Reisezeit hingewiesen sei.

Dieser Anteil beträgt z. B. bei der Linie 12 20% gegenüber einem Mittelwert von 10,64%. Der Mehrbetrag von 9,36% bedeutet angesichts der Tatsache, daß bei der Nürnberg-Fürther Straßenbahn die Fahrdienstkosten 32,66% der Gesamtkosten ausmachen, eine Erhöhung der Selbstkosten der Betriebsleistungseinheit auf dieser Linie um 3%! Dabei ist der Endaufenthalt auf dieser Linie — absolut genommen — nicht etwa besonders lang, er liegt im Gegenteil sogar mit 6 Minuten noch unter dem Durchschnitt (6,47 Minuten); der relativ hohe Anteil rührt vielmehr daher, daß die Linie nur sehr kurz ist, woraus ersichtlich wird, daß kurze Linien von vornherein unter sonst gleichen Verhältnissen kostenmäßig ungünstig liegen.

Daß verhältnismäßig lange Endaufenthalte und niedrige Reisegeschwindigkeiten sich in gleicher Richtung auswirken, zeigt deutlich die Linie 6: Beide Faktoren drücken die Reisegeschwindigkeit auf nur 11,07 km/Stunde herab, die damit um 25% unter dem Mittelwert von 14,72 km/Stunde liegt. Diese Tatsache aber bewirkt, daß die Selbstkosten der Betriebsleistungseinheit um 10,7% erhöht werden. Auch hieraus ist wieder ersichtlich, wie wichtig für eine richtige Ermittlung der Selbstkosten eine genaue Erfassung entsprechend gegliederter Kosten für die einzelnen Linien ist.

Ähnlich liegen auch die Verhältnisse bezüglich der Kosten für die Zugkraft, die Stromkosten: Es ist leicht verständlich, daß bei dieser Kostenart bei verschiedenen Straßenbahnbetrieben starke Unterschiede bestehen, indem diese Kosten von den Erzeugungskosten bei Selbsterzeugung des Stromes, bzw. von den Stromtarifen (bei Fremdbezug) abhängen, die unter Umständen erhebliche Unterschiede aufweisen. In dem von Böhm gewählten Beispiel macht dieser ausdrücklich darauf aufmerksam, daß die Nürnberg-Fürther Straßenbahn

[1] Meistens wird in der Praxis der Endaufenthalt bei Berechnung der Arbeitsleistung des Fahrpersonals nicht berücksichtigt bzw. nur ein Teil davon. Man rechnet: Arbeitszeit = Fahrzeit auf dem Wagen + einen gewissen Anteil an den Endaufenthalten (Erfahrungssatz) + Ruhepausen.

den Vorteil eines verhältnismäßig recht günstigen Stromtarifes genießt, der jedenfalls erheblich unter dem Mittelwert der von deutschen Straßenbahnen zu zahlenden Tarife liegt.[1]

Um Klarheit über die Abhängigkeit der Stromkosten vom Liniencharakter zu gewinnen, ist es erforderlich, festzustellen, aus welchen Einzelposten sich der Verbrauch elektrischer Energie beim Straßenbahnbetrieb zusammensetzt:

Es sind dies in der Hauptsache

1. die Anfahrarbeit, die teils in den Anfahrwiderständen verbraucht wird, teils — soweit sie bei der Beschleunigung des Wagens in kinetische Energie umgewandelt wird — beim Bremsen des Wagens vernichtet werden muß,
2. die Arbeit zur Überwindung des Reibungswiderstandes in den Lagern und zwischen den Rädern und der Schiene,
3. die Arbeit zur Überwindung des Luftwiderstandes,
4. die Hubarbeit zur Überwindung der auf der Strecke vorhandenen Höhenunterschiede,
5. der Stromverbrauch für die Beleuchtung und (im Winter) für die Beheizung.

Im Gegensatz zu Böhm, der der Ansicht ist, daß die Anfahrarbeit vom Liniencharakter unabhängig sei,[2] muß festgestellt werden, daß gerade bei diesem Posten erhebliche Abhängigkeit besteht: Da die Anfahrarbeit bei jeder Abfahrt von der Haltestelle geleistet werden muß, ist sie zunächst der Zahl der Haltestellen auf jeder Linie proportional. Dazu kommt, daß Wagen, die durch verkehrsreiche und dazu vielleicht noch enge, kurvenreiche Straßen fahren, oft zu unfreiwilligen Aufenthalten oder wenigstens zum Abbremsen gezwungen sind, was jedesmal wieder neue Anfahrarbeit erfordert. Es dürfte einleuchten, daß es gerade im Hinblick auf diese Tatsachen eine Rolle spielt, ob die Linie auf eigenem Bahnkörper verlegt ist oder nicht.

Die vorstehende Pos. 2 kann dagegen tatsächlich als praktisch ziemlich unabhängig vom Liniencharakter angesehen werden.

Pos. 3 ist wieder insofern vom Liniencharakter abhängig, als die Arbeit zur Überwindung des Luftwiderstandes im Quadrat der Geschwindigkeit wächst. Obgleich die Geschwindigkeit auf den einzelnen Linien verschieden ist, kann man trotzdem hier mit Durchschnittswerten rechnen, da der Anteil dieses Postens am Gesamtenergieverbrauch von durchaus untergeordneter Bedeutung ist.[3]

Die Hubarbeit (Pos. 4) ist von der mittleren Neigung der Linie, d. h. vom Verhältnis aller Höhenunterschiede zur Linienlänge proportional abhängig. Wenn also die mittlere Steigung in einem Be-

[1] Böhm: a. a. O., S. 33.

[2] Böhm: a. a. O., S. 34.

[3] Eine Berücksichtigung des Luftwiderstandes kommt erst bei sehr großen Fahrgeschwindigkeiten (Schnellbahnen) in Frage.

triebe und damit der Anteil der für die Hubarbeit verbrauchten Energie am Gesamtstromverbrauch erheblich ist, kann für die richtige Ermittelung der Selbstkosten für die einzelnen Linien nicht mehr mit den mittleren Stromkosten des Gesamtbetriebes gerechnet werden.

Hingegen kann Pos. 5, Lichtstrom- sowie Heizstromverbrauch, wieder als praktisch unabhängig vom Liniencharakter angesehen werden.

Da es nach der mir gegenüber persönlich zum Ausdruck gebrachten Ansicht eines führenden Verkehrsfachmannes unwirtschaftlich ist, den verschieden hohen spezifischen Stromverbrauch auf den einzelnen Linien durch registrierende Strommesser in den einzelnen Triebwagen zu erfassen (was theoretisch natürlich durchaus möglich und vielleicht sogar naheliegend erscheint), ist es erforderlich, durch geeignete Verteilungsschlüssel für eine möglichst zutreffende Belastung der einzelnen Linien mit den anteiligen Stromkosten Sorge zu tragen.

Die an nächster Stelle unserer Gruppierung stehende Kostenart, die Stromführungskosten (S. 52, Pos. III c) kann wegen der Geringfügigkeit ihres Anteils an den Gesamtkosten (0,5—0,9%) übergangen werden,[1] während die Wagenunterhaltungskosten (s. S. 52, III d, bzw. S. 66, Ziffer 3) wieder näherer Betrachtung bedürfen:

Was zunächst die Kosten für die normale Instandhaltung und Überholung betrifft, so ist festzustellen, daß das Vorhandensein vieler Kurven und Gleiskreuzungen die Abnutzung der Radreifen und vor allem der Spurkränze erheblich beschleunigt und somit verschieden hohe Kosten für die einzelnen Linien verursacht, da der Wagen zwecks Nachdrehens, Abschleifens oder gar Auswechselns der Radreifen aus dem Verkehr gezogen werden muß, sobald die Abnutzung der Spurkränze sich nicht mehr in den zulässigen Grenzen hält.

Ebenso können schlechter Gleisunterbau und ungünstige Bodenverhältnisse, Gleiskreuzungen, Weichen und scharfe Gleiskurven, die im Liniencharakter begründete Notwendigkeit häufigen und scharfen Bremsens u. a. m. durch die auftretenden Erschütterungen eine stärkere Abnutzung und damit erhöhte Instandhaltungskosten verursachen.

Dasselbe gilt von den Kosten für die Ausbesserung von Unfall- und Zusammenstoßschäden. Auch hier kann eine Abhängigkeit der Häufigkeit von Unfällen und Zusammenstößen vom Liniencharakter bestehen. So bilden z. B. Weichen (Abzweigstellen) für nachfolgende Straßenfahrzeuge eine erhöhte Gefahrenquelle ebenso wie Kurven, die die Übersicht erschweren und wegen der notwendigen

---

[1] Eine Ausnahme bilden nur unterirdische Stromzufuhranlagen (z. B. London oder Brüssel), die sehr hohe Stromzuführungskosten haben.

Schmierung die Bremsung beeinträchtigen. Ganz zu schweigen von den Gefahren abschüssigen Geländes.

Man muß allerdings Böhm zustimmen,[1] wenn er behauptet, daß es angesichts der Verschiedenheit der möglichen Verhältnisse nicht leicht ist, den einzelnen Linien die gegenüber den mittleren Kosten des Betriebes entstehenden Mehrkosten unmittelbar anzurechnen; jedenfalls nicht für die Kalkulation der Selbstkosten neuer Linien und mittels des sonst von Böhm aufgewendeten Verfahrens der Benutzung von Korrekturfaktoren.

Dagegen wird man so vorgehen können, daß man die Instandsetzungsarbeiten der betreffenden Werkstätten entsprechend dem in der Industrie üblichen Verfahren auf „Unkostenbestellnummern" der einzelnen Kostenstellen (Linien) ausführen läßt und damit eine anteilige Belastung der Linien erzielt. Die Kosten für laufende Revisionen wird man in allen Fällen unmittelbar nach den gefahrenen Wagenkilometern verteilen können, da die Revisionen gemäß den jeweiligen Betriebsanordnungen wohl überall nach einer bestimmten Zahl von gefahrenen Kilometern (etwa 50 000 km) stattfinden und somit vom Liniencharakter unabhängig sind. Man könnte sogar deshalb diese Kosten als „Einzelkosten" betrachten und den einzelnen „Kostenträgern" direkt belasten, wenn das nicht nur eine unnötige Erschwerung der Abrechnung bedeuten würde.

Auch bei der letzten zu betrachtenden Kostenart, den Bahnunterhaltungskosten (S. 52, III e, bzw. S. 66, Ziffer 4) ist eine erhebliche Abhängigkeit vom Liniencharakter offensichtlich:

Angesichts der Tatsache, daß Weichen und Kreuzungen nicht nur einer höheren Abnutzung unterworfen sind, sondern auch viel höhere Erneuerungskosten verursachen als die anderen Gleisstrecken, wird ein überdurchschnittliches Vorhandensein von Weichen und Kreuzungen auf einer Linie auch überdurchschnittliche Gleisunterhaltungskosten zur Folge haben. Ebenso sind die Gleisunterhaltungskosten nach den verlegten Schienenarten verschieden hoch: Rillenschienen, wie sie verwendet werden müssen, wenn die Gleise im Straßenpflaster verlegt sind, also wenn auch andere Fahrzeuge die Fahrbahn der Straßenbahn mitbenutzen bzw. kreuzen, unterliegen einem stärkeren Verbrauch und sind im Betriebe teurer als „Vignol"-Schienen, die auf eigenen Bahnkörpern verlegt werden können. Damit im Zusammenhang steht die Tatsache, daß auch die Art der Oberflächenbedeckung des Gleiskörpers verschieden hohe Kosten verursachen kann: Es ist klar, daß die Instandhaltung einer Rasendecke weit höhere Kosten verursacht, als eine einfache Schotterdecke.

Auch verschieden hohe Fahrgeschwindigkeiten auf den einzelnen Linien können verschieden hohe Gleisunterhaltungskosten hervorrufen, da eine höhere Geschwindigkeit schärferes Bremsen erfor-

---

[1] Böhm: a. a. O., S. 38.

dert und hierdurch, insbesondere bei Verwendung von Schienenbremsen, eine stärkere Abnutzung der Gleise eintritt. Aus dem gleichen Grunde wird eine Linie mit verhältnismäßig geringem Haltestellenabstand eine stärkere Gleisabnutzung aufweisen, als eine solche mit weitem Haltestellenabstand, da infolge des Bremsens vor den Haltestellen eine verhältnismäßig starke Gleisabnutzung stattfindet. Diesbezügliche Beobachtungen bei der Nürnberg-Fürther Straßenbahn haben nach Böhm[1] die Tatsache ergeben, daß die Abnutzung der vor den Haltestellen liegenden Gleisabschnitte zum Teil das Fünf- bis Zehnfache der normalen betragen hat.

Es wird demnach nicht zweifelhaft sein, daß auch die Höhe der Kosten für die Bahnunterhaltung stark vom Liniencharakter beeinflußt werden kann. Und man wird, sofern man den prozentualen Anteil dieser Kostenart an den Gesamtkosten für nicht zu geringfügig hält, eine getrennte Erfassung dieser Kosten je Linien- oder Streckenabschnitt zwecks entsprechender Belastung der in Frage kommenden Kostenstelle durchführen müssen.

**Jedenfalls dürften die vorstehenden Ausführungen zur Genüge erwiesen haben, daß in der Tat eine starke Abhängigkeit der hauptsächlichsten Kosten vom Liniencharakter besteht, und daß deshalb das Rechnen mit Durchschnittswerten aus dem ganzen Betrieb (wie dies Böhm empfiehlt) zu unrichtigen Ergebnissen hinsichtlich der Selbstkosten der Betriebsleistungseinheiten auf den einzelnen Linien führen muß.**

### b) Abhängigkeit der Selbstkosten vom Wagentyp.

Nachdem im vorstehenden Abschnitt die Abhängigkeit der Selbstkosten der Betriebsleistungseinheiten vom Liniencharakter nachgewiesen wurde, wenden wir uns nachstehend der Untersuchung der Frage zu, inwieweit auch eine Abhängigkeit vom Wagentyp besteht?:

Der technische Fortschritt und die steigenden Verkehrserfordernisse bringen es mit sich, daß von Zeit zu Zeit bei Neubestellungen von Straßenbahnwagen auch ein neuer „Typ“ eingeführt wird, der sich den gesteigerten Verkehrsbedürfnissen anpaßt; sei es, daß er geräumiger ist, eine größere durchschnittliche Fahrgeschwindigkeit oder Anfahrtsbeschleunigung gewährleistet, das Zu- und Absteigen erleichtert u. a. m.

Daß die Straßenbahnverwaltungen dieser Frage große Aufmerksamkeit widmen, ist bekannt.[2]

Selbstverständlich ist, daß die verschiedenen Wagentypen nicht nur verschieden hohe Anschaffungskosten, sondern auch verschieden hohe Betriebskosten verursachen. Der Verband Deutscher Kraftverkehrsgesellschaften hat — dieser Tatsache Rechnung tragend

---

[1] Böhm: a. a. O., S. 39.

[2] Vgl. z. B. die Niederschriften über die 27. und 28. Hauptversammlung des Verbandes Deutscher Verkehrsverwaltungen in Dresden und Hamburg.

— gelegentlich des von ihm durchgeführten Selbstkostenvergleichs zwischen Straßenbahn und Autobus eingehende Untersuchungen in dieser Richtung angestellt und die verschieden hohen Anteile an den

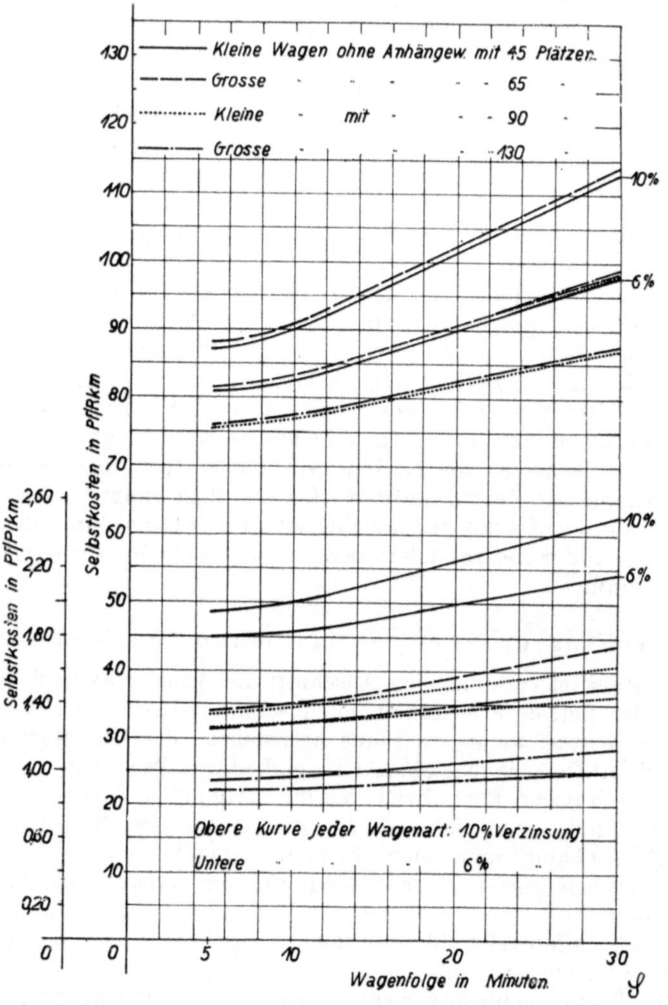


Abb. 14. Selbstkosten der Straßenbahn in Pf/Rkm und Pf/Plkm in Abhängigkeit von der Wagenfolge für Stadtverkehr bei 20 km Streckenlänge.

Selbstkosten ermittelt.[1] — Die folgenden Kurvendarstellungen (Abb. 14 u. 15) zeigen einen Teil der Ergebnisse und bedürfen wohl keiner näheren Erläuterung.

[1] Strommenger: Verband Deutscher Kraftverkehrsgesellschaften „Selbstkostenvergleich...", S. 14 ff.

Von den in den Zahlentafeln 5a und b aufgeführten Kostenarten sind es in der Gruppe der „speziellen“ Zeitkosten die „Abschreibungen für Trieb- und Beiwagen“ und die „Wagen-

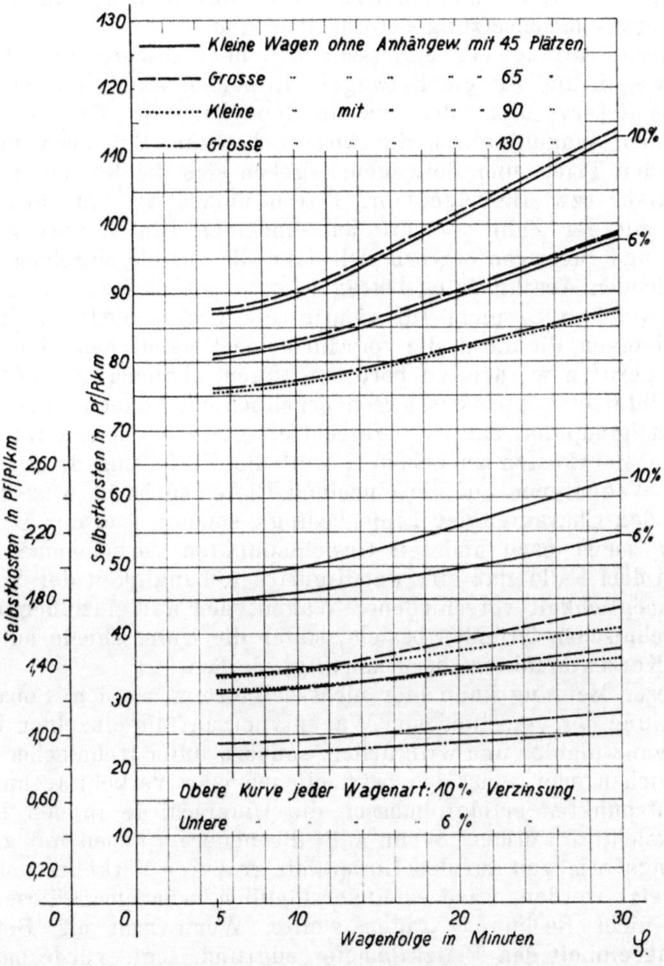


Abb. 15. Selbstkosten der Straßenbahn in Pf/Rkm und Pf/Plkm in Abhängigkeit von der Wagenfolge für Stadtverkehr bei 30 km Streckenlänge.

reinigungskosten“ und in der Gruppe der Mengenkosten die „Wagenunterhaltungskosten“, bei denen eine Abhängigkeit des Kostenteils der Betriebsleistungseinheit von dem in Anspruch genommenen Wagenmaterial besteht.

Böhm[1] schlägt für diese Behandlung der Abschreibungen in der Selbstkostenrechnung folgendes Verfahren vor:

---

[1] Böhm: a. a. O., S. 26.

Die auf die Gesamtheit der Triebwagen und der Beiwagen entfallenden Abschreibungen sollen nur auf den „Betriebswagenpark“ umgelegt werden, d. h. auf die Trieb- und Beiwagen, die zum planmäßigen Betriebe sämtlicher Linien entsprechend der Zugzahl und der Zugzusammensetzung erforderlich sind.

Durch Teilung der Jahressummen der Abschreibung für die Triebwagen und für die Beiwagen (in beiden Fällen einschließlich der als Reserve dienenden bzw. in Reparatur oder Überholung befindlichen Wagen) durch die Anzahl der zum Betriebswagenpark zählenden Trieb- und Beiwagen, ergeben sich die Kosten je Triebwagenjahr bzw. Beiwagenjahr. Durch Vervielfältigung dieser Beträge mit der Zahl der auf den einzelnen Linien verkehrenden Trieb- und Beiwagen ergeben sich dann die auf die einzelnen Linien entfallenden Abschreibungsbeträge.

Böhm hält es nicht für richtig, die Unterschiede in den Abschreibungen, die durch die verschiedenen Wagentypen oder -serien hervorgerufen werden, zu berücksichtigen, obgleich er zugibt, daß diese Unterschiede praktisch recht erheblich sein können. Er stellt sich auf den Standpunkt, daß es ungerechtfertigt wäre, einzelne Linien mit solchen Mehrkosten zu belasten, weil die Verteilung der verschiedenen Wagentypen auf die einzelnen Linien nicht im wesentlichen durch den Charakter der Linie bedingt, sondern von der Betriebsleitung meist nach anderen Gesichtspunkten vorgenommen wird. Nur in dem Falle, daß eine unmittelbare Abhängigkeit der Verwendungsmöglichkeit verschiedener Wagentypen auf einzelnen Linien aus technischen Gründen besteht, sollen die Unterschiede mit Hilfe eines Korrekturfaktors berücksichtigt werden.

Dieser Meinung kann hier nicht beigetreten werden: Sobald die Verteilung der verschiedenen Wagentypen auf die einzelnen Linien nicht ganz planlos und willkürlich, sondern unter technischen, wirtschaftlichen oder sonstigen betrieblichen oder verkehrstechnischen Gesichtspunkten erfolgt, müssen die Unterschiede in den Kosten berücksichtigt werden. Wenn z. B. die neueren Typen mit großem Fassungsvermögen auf den Linien mit größerer Verkehrsnachfrage eingesetzt werden, wäre es unverständlich, wenn man dieser Tatsache nicht Rechnung tragen wollte. Wenn man als Betriebsleistungseinheit den Platzkilometer zugrunde legt, würde man unbedingt ein falsches Bild erhalten, wollte man, obwohl auf einer Linie große Wagen mit größerem Platzangebot, auf einer anderen dagegen kleinere Wagen mit geringerem Platzangebot eingesetzt sind, in beiden Fällen mit den gleichen durchschnittlichen Abschreibungen rechnen. Wie groß die Unterschiede sind, ist aus den obenerwähnten Feststellungen des „Verbandes Deutscher Kraftverkehrsgesellschaften“ klar ersichtlich.

Bei den Wagenreinigungskosten wird man dagegen ohne weiteres mit den durchschnittlichen Kosten des ganzen Betriebes rechnen, also jeden Wagen mit dem gleichen Betrage bzw. jede Linie als Kostenstelle entsprechend der Zahl der auf ihr verkehrenden Wagen belasten dürfen. Etwa tatsächlich vorhandene Unterschiede dieser Kosten bei den einzelnen Typen sind nicht erheblich, zumal die Gesamtreinigungskosten nur einen geringen Prozentsatz der Gesamtkosten ausmachen (1,24 bzw. 1,03%, Zahlentafel 5a und b). Auch die Fahrleistung der einzelnen Wagen spielt in diesem Zusammenhang keine Rolle, da es üblich ist, jeden Wagen nach einem gewissen Zeitabschnitt zu reinigen. Was schließlich die Wagenunterhaltungskosten betrifft, so ist es ohne weiteres einleuchtend, daß die Instandhaltung bei den einzelnen Wagentypen durchaus verschieden hohe Kosten verursachen kann, zumal es eine jedem Fachmann bekannte Tatsache ist, daß manche Wagenserien gewisse konstruktive Eigentümlichkeiten aufweisen, die unverhältnismäßig hohe Instandhaltungskosten bedingen. Hier hält es Böhm[1] für ungerechtfertigt, solche Mehrkosten den Linien zu belasten, auf denen diese Wagen laufen. Seine Begründung ist die gleiche wie bei den Abschreibungen, ohne daß sie hier stichhaltiger erscheint als dort.

Damit dürften die Unterschiede, die sich in den Kosten von dem in Anspruch genommenen Wagenmaterial für die einzelnen Linien ergeben, hinreichend geklärt sein.

Bei der Umrechnung der Kosten auf die Betriebsleistungseinheit spielt natürlich noch die Fahrleistung der Wagen auf den einzelnen Linien eine große Rolle: Aus den Spalten 6 und 7 der Zahlentafel 6 ist zu ersehen, wie groß die Unterschiede in dieser Beziehung auf den einzelnen Linien sind und wie verschieden demgemäß die Selbstkosten der Betriebsleistungseinheit „Wkm" auch dann sein würden, wenn jede Linie die gleichen Kosten zu tragen hätte.

### c) Abhängigkeit der Selbstkosten der Betriebsleistungseinheit vom Platzausnutzungsgrad.

Die vorliegenden Ausführungen nehmen als Betriebsleistungseinheiten Wkm bzw. RWkm und Plkm an und verwenden sie als Bezugsgrößen, auf welche die auf die einzelnen Linien als Kostenstellen entfallenden Kosten umzulegen sind, um die Selbstkosten der Betriebsleistungseinheit zu erhalten. Zur Gewinnung dieser Erkenntnisse, insbesondere für Wirtschaftlichkeitsrechnungen, genügt aber eine solche Beziehung noch nicht: So wie der Wkm noch keinen zutreffenden Maßstab abgibt, wenn auf verschiedenen Linien Wagen mit verschiedenem Fassungsvermögen laufen und deshalb als Einheit der Plkm zu nehmen ist, ist es zu Vergleichs- und Wirtschaftlichkeitsrechnungen erforderlich, noch die Platzausnutzung heranzuziehen.[2]

Die Kosten sind demgemäß zu beziehen auf den durch eine beförderte Person auf 1 km Fahrt im Mittel in Anspruch genommenen

[1] Böhm: a. a. O., S. 37.

[2] Giese: „Autobus, teuerstes Nahverkehrsmittel." Berliner Lokalanzeiger Nr. 599 vom 18. Dezember 1932.

Platz, auf den sogenannten „Personenkilometer“ (Pkm), deutlicher: auf den „Personenplatzkilometer“ (PPlkm), dessen Kosten sich aus denen des Platzkilometers durch Multiplikation mit der prozentualen Platzausnutzungsziffer ergeben.

Da im Straßenbahnverkehr die Fahrpreise nicht von der Zahl der Platzkilometer abhängen, die der Fahrgast befördert wird, muß man für Wirtschaftlichkeitsrechnungen noch einen Schritt weitergehen und ermitteln, welche Betriebskosten durchschnittlich die Fahrt eines Fahrgastes verursacht, d. h., man muß die Kosten des Personenkilometers noch mit der Streckenlänge (mittlere Reiselänge) vervielfachen, die ein Fahrgast im Mittel zurücklegt.

Diese Daten müssen für genaue Rechnungen für die einzelnen Linien gesondert ermittelt werden (vgl. Zahlentafel 10, S. 62 ff.).

## 4. Kostenstellenrechnung oder „analytische Methode“?

### a) Notwendigkeit und Durchführung der Kostenstellenrechnung.

Es ist bereits (S. 46) besonders darauf hingewiesen worden, daß alle Kostenarten des Straßenbahnbetriebes als „Gemeinkosten“ zu behandeln sind.

Selbst wenn man die Möglichkeit unterstellt, einzelne Kosten der Betriebsleistungseinheit unmittelbar anrechnen zu können, so müßte man doch davon absehen, daraus Folgerungen für die Selbstkostenrechnung zu ziehen, weil es belastungsfähige Kostenträger im Straßenbahnbetriebe eben nicht gibt. Die bereits erwähnte Tatsache, daß die Betriebsleistungseinheit erst im Augenblick ihres Angebotes erzeugt werden kann, im Verein mit weiteren spezifischen Eigenarten des Linienverkehrs, der an Zeit und Strecken ohne Rücksicht auf die Ausnutzung der Beförderungskapazität (Leistungsfähigkeit des Betriebes in verkehrstechnischer Hinsicht) gebunden ist,[1] bewirkt einen restlosen Verlust der Betriebsleistung, falls sie zeitlich und örtlich nicht auf eine entsprechende Nachfrage trifft. Hierauf beruht die Unmöglichkeit der „Produktion auf Vorrat“: „Beförderungsleistungen sind nicht aufspeicherbar.“[2]

Es ist auch bereits ausgeführt worden, daß wegen der Ungleichheit der tatsächlichen Selbstkosten der Betriebsleistungseinheit auf den einzelnen Linien eine einfache „Divisionskalkulation“, die mit Durchschnittswerten aus dem Gesamtbetriebe rechnet, zu falschen Ergebnissen führen würde und deshalb als Grundlage betriebspolitischer Entscheidungen unbrauchbar ist.[3] Es beruht dies einmal auf der eingehend begründeten[4] „Abhängigkeit der Selbstkosten der Betriebsleistungseinheit vom Liniencharakter“ und

---

[1] Mellerowicz: „Grundlagen rationeller Verkehrsorganisation“, S. 8.
[2] Mellerowicz: „Grundlagen rationeller Verkehrsorganisation“, S. 10.
[3] S. 55 ff.
[4] S. 56 ff.

vom verwendeten „Wagentyp", zum anderen auf der verschiedenen „Leistungsdichte".

Die Abhängigkeit der Selbstkosten von der Leistungsdichte ist, wie Mellerowicz überzeugend nachgewiesen hat,[1] gerade für Schienenbahnen wegen der verhältnismäßig hohen festen Kosten ein Problem von ausschlaggebender Bedeutung. Darum wirken sich Beschäftigungsschwankungen und „ungenutzte Kapazität" so außerordentlich stark aus, zumal Verkehrsbetriebe auf Spitzen der Nachfrage eingestellt sein müssen und wohl auch immer sind.

Das alles hat zur Folge, daß für eine richtig aufgebaute Selbstkostenermittelung eine möglichst alle Einzelheiten berücksichtigende „Kostenstellenrechnung" unumgänglich erscheint.

Es soll nicht bestritten werden, daß eine solche „differenzierende" Selbstkostenrechnung einen Mehraufwand an Abrechnungsarbeit zur Folge hat, aber die erheblichen Unterschiede in den Betriebsverhältnissen der verschiedenen Linien und der verhältnismäßig hohe Anteil der Zeitkosten scheinen — insbesondere mit Rücksicht auf die geringe Gewinnspanne, mit der Straßenbahnunternehmen arbeiten — eine im Rahmen der Wirtschaftlichkeit möglichst wirklichkeitsnahe Ermittelung der Selbstkosten der Leistungseinheit zu bedingen.

Endzweck jeder Selbstkostenrechnung ist die Unterstützung der Wirtschaftsführung. Dieser Zweck kann aber nicht mit einer „nivellierenden" Durchschnittsrechnung erreicht werden, sondern nur mit einer alle Besonderheiten voll berücksichtigenden Kostenverteilung, die allein geeignet ist, wirtschaftlich bedeutsame Kostenunterschiede hervortreten zu lassen, über die die Praxis, weil sie unsichtbar bleiben, nur zu oft achtlos hinweggegangen ist und vielfach noch geht. Wo eine wirksame Kostenkontrolle notwendig ist, ist eine genaue Kostenrechnung unbedingt erforderlich, wobei die „synthetische" Methode (in Anlehnung an den Schmalenbachschen Kontenrahmen) den Vorzug zu verdienen scheint, vor allen „analytischen" Kostenrechnungen, die die Kosten nach mechanischen Schlüsseln aus einer Gesamtsumme auf die Leistungseinheiten verteilen.[2]

Der Aufbau der Kostenstellen ist zweckmäßig folgender:

Die „letzten Kostenstellen",[3] auf denen schließlich alle Kosten zusammenlaufen müssen, um die Umlegung auf die im Bereich dieser Kostenstellen entstehenden Leistungseinheiten zu ermöglichen, sind die einzelnen Linien („Linienkostenstellen"). Sie sind die Hauptkostenstellen.

Aus der Tatsache, daß teilweise mehrere Linien einzelne

---

[1] Mellerowicz: „Grundlagen rationeller Verkehrsorganisation", S. 8, 10, 14.

[2] Mellerowicz: dgl., S. 15.

[3] Vgl. „Entwurf eines Kontenplanes für Straßenbahnen", nachfolgend kurz „Entwurf" genannt. (Tafel im Anhang.)

Streckenabschnitte gemeinsam befahren, ergibt sich aber noch ein weiteres: die Notwendigkeit, vor die Linienkostenstellen „Streckenabschnittskostenstellen“ zu schalten,[1] welche die für diese Streckenabschnitte entstehenden Kosten, soweit sie nicht unmittelbar den einzelnen Linien angerechnet werden können, zunächst aufzunehmen haben. Von hier aus sind dann die angesammelten Kosten nach Maßgabe der Inanspruchnahme durch die einzelnen Linien auf die betreffende Linienkostenstelle zu verteilen.

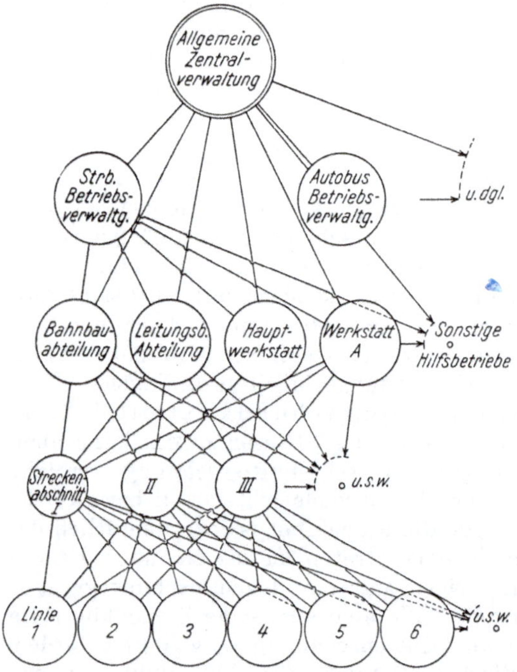

Abb. 16. Kostenstellenaufbau.

Vor diesen Kostenstellen stehen als Hilfskostenstellen die Kostenstellen der Betriebsabteilungen, wie Bauabteilungen, Werkstätten, Lager usw.[2] Ihr Inhalt ist ebenfalls nach dem Umfang der Inanspruchnahme auf die „Streckenabschnitts“- und „Linienkostenstellen“ umzulegen.

Schließlich steht über dem Ganzen die Kostenstelle „Allgemeine Verwaltung“,[3] deren Kosten schlüsselmäßig auf die „Linienkostenstellen“ und „Hilfskostenstellen“ zu verteilen sind. Für den Fall, daß unter einer Zentralverwaltung mehrere Betriebe vereinigt sind (Straßenbahn, Untergrundbahn, Autobus usw.),[4] ist gegebenenfalls für jeden Betrieb je eine allgemeine Kostenstelle „Betriebsverwaltung“[5] zu bilden, über deren Gesamtheit dann die Kostenstelle „Allgemeine Verwaltung“ steht.

Damit ergibt sich schematisch der obenstehend dargestellte Kostenstellenaufbau.

Zweckmäßigerweise werden bei dem vorstehend schematisch dargestellten Kostenstellenaufbau die Hilfsbetriebe Kostenstellen mit

[1] „Entwurf“ (Klasse 8, Konten 8001—8499).
[2] „Entwurf“ (Klasse 7, Konten 710—799).
[3] „Entwurf“ (Klasse 5, Konto 500).
[4] Z. B. in Berlin.
[5] „Entwurf“ (Klasse 6, Konto 610 ff.).

eigener Abrechnung darstellen, um die Selbstkosten der einzelnen Arbeitsleistung richtig erfassen zu können. Ob man so weit geht, sie als in sich geschlossene Betriebe mit eigener Ergebnisfeststellung auszubilden, braucht hier — als von Fall zu Fall durch die Praxis zu entscheiden — nicht erörtert zu werden; für die Selbstkosten des Straßenbahnbetriebes hat diese Frage insofern Bedeutung, als nicht immer eine bloße Umlegung der gesamten aufgelaufenen Kosten, also in der Wirkung einer Selbstkostenkalkulation der Hilfsbetriebe, zu erfolgen braucht, sondern unter Umständen auch eine Teilkostenkalkulation möglich erscheint, wobei dann die im Verrechnungspreis nicht gedeckten Unkosten als „Verluste nicht genutzter Kapazität" zu erscheinen hätten.

### b) Beispiel einer „analytischen" Verfahrensweise bei der Selbstkostenrechnung.[1]

Es wurde bisher auf Grund von Tatsachen und Überlegungen der Schluß gezogen, daß die „spezifischen" Selbstkosten, d. h. die Selbstkosten der Betriebsleistungseinheit auf den einzelnen Linien tatsächlich so stark voneinander abweichen, daß das Rechnen mit Durchschnittswerten aus kostenmäßig zusammengefaßten Betrieben irreführende Ergebnisse zeitigen muß. Die Richtigkeit dieses „Schlusses" mit Hilfe einiger aus der Praxis genommenen Beispiele zu belegen, sei Aufgabe der folgenden Ausführungen:

Da die im Rahmen der vorliegenden Arbeit vorgeschlagene Kostenstellenrechnung unseres Wissens in der Praxis noch nirgends durchgeführt wird, steht für diesen Nachweis nur die Untersuchung der „analytischen" Methode der mathematischen Kostenverrechnung aus den Durchschnittskosten zur Verfügung, wie sie Böhm als erster und bisher wohl einziger Autor für die Nürnberg-Fürther Straßenbahn durchgeführt hat.

Böhm[2] geht dabei von gegebenen Durchschnittskosten aus und ermittelt daraus den speziellen Kostenanteil für die einzelne Linie durch Multiplikation des Durchschnittswertes mit einem Korrekturfaktor. So ist z. B. der Korrekturfaktor der Finanzkosten der Bahnanlage (vgl. nachstehende „Formel spezifischer Selbstkosten"; Glied II $c_1$) gleich dem Anlagewert in Mark für 1 km Betriebslänge der einzelnen Linie, geteilt durch den Durchschnittsanlagewert für 1 km Betriebslänge des ganzen Betriebes.

Entsprechend ist der Korrekturfaktor für die Fahrdienstkosten (IV $c_2$) gleich dem Mittelwert der Reisegeschwindigkeit mit Endaufenthalten für den ganzen Betrieb geteilt durch die Reisegeschwindigkeit mit Endaufenthalten auf der einzelnen Linie, da die spezifische Höhe dieser Kostenart vom Verhältnis der mittleren Fahrleistung zur Zeiteinheit und damit von der Reisegeschwindigkeit mit Endaufenthalten auf der einzelnen Linie abhängig ist.

[1] Böhm: a. a. O., S. 40 ff.
[2] Böhm: a. a. O., S. 23 ff.

Bei den Stromkosten wird der Anteil der Hubarbeit am Gesamtstromverbrauch ausgesondert und für diesen Teil ein Korrekturfaktor zum Ausgleich der Abweichung der Hubarbeit auf der einzelnen Linie vom mittleren Teil der Hubarbeit des Gesamtbetriebes bzw. zum Ausgleich der Abweichung der speziellen mittleren Steigung von der mittleren Steigung (gewogenes Mittel) des Gesamtbetriebes, gebildet; der Korrekturfaktor (IV $c_3$) ergibt sich dann als Quotient der mittleren Steigung der einzelnen Linie und der mittleren Steigung des Gesamtbetriebes.

Die beiden übrigen Korrekturfaktoren für die Wagenunterhaltungskosten (IV $c_4$) und die Bahnunterhaltungskosten (IV $c_5$) sind nach Böhm nicht allgemein gültig festzulegen, sie sind vielmehr von Fall zu Fall zu ermitteln oder zu schätzen.

Böhm[1] stellt nun folgende **Formel für die spezifischen Selbstkosten (k) einer Linie** auf:[2]

$$k = \frac{K_g}{z_1} + \frac{Ks_1 . L . c_1 + Ks_2 . L}{z_2} + \frac{Ks_3 . w_1 + Ks_4 . w_2 + Ks_5 . (w_1 + w_2)}{z_3} +$$

$$+ [k_1 . c_2 + k_2 . (H . c_3 + R) + k_3 . c_4 + k_4 . c_5 + k_r].$$

Darin bedeuten:

Hauptglieder

I
- $K_g$ = generelle Zeitkosten = 477 643 200 Pf.
- $z_1$ = Zahl der jährlich geleisteten Rechnungskilometer des Gesamtbetriebes = 18 540 397 Rkm.

II
- $Ks_1$ = spezielle Zeitkosten für Bahnanlage = 657 000 Pf./km Betriebslänge.
- $L$ = Linienlänge in km.
- $c_1$ = Korrekturfaktor für Finanzkosten der Bahnanlage = $= \frac{x}{118.500}$; ($x$ = Anlagewert in Mark für 1 km Betriebslänge der untersuchten Linie).
- $Ks_2$ = Jährliche Kosten für Bahnreinigung = 158 000 Pf./km Betriebslänge.
- $z_2$ = Zahl der jährlich von allen beteiligten Linien auf dem untersuchten Betriebsabschnitt insgesamt geleisteten Rechnungskilometer.

III
- $Ks_3$ = Jährliche Finanzkosten für die Triebwagen = = 242 000 Pf./Triebwagen der untersuchten Linie.
- $w_1$ = Zahl der von der untersuchten Linie benötigten Triebwagen.
- $Ks_4$ = Jährliche Finanzkosten für Beiwagen = 47 000 Pf./Beiwagen.

[1] Böhm: a. a. O., S. 41.
[2] Einige bei Böhm unterlaufene Fehler wurden berichtigt.

$w_2$ = Zahl der von der untersuchten Linie benötigten Beiwagen.
$Ks_5$ = Jährliche Kosten für die Wagenreinigung = 50 000 Pf./Wagen.
$z_3$ = Zahl der jährlich geleisteten Rechnungskilometer der untersuchten Linie.

IV

$k_1$ = mittlere spezifische Kosten für Fahrdienst = 22,1 Pf./Rkm.
$c_2$ = Korrekturfaktor für Fahrdienstkosten $= \frac{14{,}72}{y}$; ($y$ = Reisegeschwindigkeit mit Endaufenthalten der untersuchten Linie).
$k_2$ = mittlere spezifische Kosten für Zugkraft = = 4,0 Pf./Rkm.
$c_3$ = Korrekturfaktor für Hubarbeit =

$$= \frac{\text{mittlere Steigung der untersuchten Linie}}{\text{mittlere Steigung des Gesamtbetriebes}}.$$

$H$ = Anteil der Hubarbeit am Gesamtstromverbrauch.
$R$ = Rest des Gesamtstromverbrauches nach Abzug des Anteils der Hubarbeit.
$k_3$ = spezifische Kosten für Wagenunterhalt (normale Überholung und Instandhaltung) = 5,4 Pf./Rkm.
$c_4$ = Korrekturfaktor für die Wagenunterhaltungskosten (von Fall zu Fall zu ermitteln oder zu schätzen).
$k_4$ = spezifische Kosten für Bahnunterhaltung = = 2,4 Pf./Rkm.
$c_5$ = Korrekturfaktor für die Bahnunterhaltungskosten (von Fall zu Fall zu ermitteln oder zu schätzen).
$k_r$ = Rest der von der spezifischen Untersuchung nicht erfaßten spezifischen Kosten = 2,1 Pf./Rkm.

$k$ = spezifische Kosten der untersuchten Linie.

Die angegebenen Zahlenwerte sind aus den Zahlentafeln 5 a, 6 und 7 entnommen bzw. berechnet.

Die Formel weist rechts vier Hauptglieder (I—IV) auf, die die spezifischen Anteile der generellen Zeitkosten (I), der speziellen von der Bahnanlage (II) und vom Wagenpark (III) abhängigen Zeitkosten und der Mengenkosten (IV) darstellen. Wie die nachstehenden Beispiele zeigen, werden die größten Abweichungen vom Mittelwert des Gesamtbetriebes durch das zweite Hauptglied (spezielle Zeitkosten der Bahnanlage) und das erste Teilglied des vierten Hauptgliedes (Fahrdienstkosten) hervorgerufen. Das dritte Hauptglied wirkt nur deshalb so wenig ein, weil, wie bereits bemerkt, Böhm es ablehnt, die Unterschiede der auf den einzelnen Linien benutzten verschiedenen Wagentypen in Rechnung zu stellen.

Es soll nun an Hand einiger der Wirklichkeit entnommener Beispiele[1] gezeigt werden, welche erheblichen Abweichungen vom Gesamtbetriebsmittelwert sich bei kritischer Untersuchung ergeben.

### 1. Beispiel: Linie 18.

Für die Durchführung der Selbstkostenberechnung muß die Linie in drei Streckenabschnitte unterteilt werden, da die Belegung der einzelnen Abschnitte mit Linien verschieden ist und außerdem die Anlagekosten erhebliche Unterschiede aufweisen: Der Anlagewert für den ersten Abschnitt beträgt 193 000 RM/km Betriebslänge, für die beiden anderen 118 500 RM/km Betriebslänge.

Die Zahl der Rechnungskilometer, die von den einzelnen Linien auf den einzelnen Streckenabschnitten geleistet worden ist, ist so ermittelt worden, daß die Gesamtleistung der Linie mit den Quotienten aus der in Frage kommenden Streckenabschnittslänge und ihrer Gesamtlänge vervielfältigt worden ist.

Die Werte der Fahrleistung, Fahrgeschwindigkeit und Wagenzahl sind den Zahlentafeln 6 und 7 entnommen. Die Ergebnisse zeigt die nachstehende Zahlentafel 11, die Gegenüberstellung mit den Mittelwerten des Gesamtbetriebes die folgende Zahlentafel 12.

Zahlentafel 11.

Beispiel 1.

| 1 | 2 | 3 | 4 | 5 | 6 |
|---|---|---|---|---|---|
| Abschnitt | Linie | Leistung Rkm | Gesamtleistung Rkm | Länge km | Länge Prozent |
| 1. Stadion—Frankenstraße | 18 | 368 000 | 368 000 $= z_2'$ | 3,785 | 60,3 |
| 2. Frankenstraße—Christuskirche | 18 | 156 400 | | | |
| | 4/14 | 167 200 | | | |
| | 8 | 230 000 | 553 600 $= z_2''$ | 1,62 | 26,0 |
| 3. Christuskirche—Opernhaus | 18 | 79 600 | | | |
| | 4/14 | 84 700 | 164 300 $= z_2'''$ | 0,820 | 13,7 |

Korrekturfaktoren: $c_1 = \frac{193000}{118500} = 1{,}63$ für den Abschnitt 1 (für die übrigen $c_1 = 1$).

$$c_2 = \frac{14{,}72}{15{,}39} = 0{,}96;\ (H \cdot c_3 + R) = c_4 = c_5 = 1.$$

Wagenzahl: $w_1 = 5,\ w_2 = 3.$

Die Einstellung der erhaltenen Werte in die Formel ergibt:

$$k = 25{,}8 + 8{,}8 + 2{,}9 + (21{,}2 + 13{,}9) = 72{,}6 \text{ Pf./Rkm.}$$

[1] Böhm: a. a. O., S. 43 ff.

Zahlentafel 12 (Gegenüberstellung).

Beispiel 1.

| 1 | 2 | 3 | 4 | 5 |
|---|---|---|---|---|
| Formelglied | Mittelwert | Spezieller Wert | Abweichung + | Abweichung — |
| $\frac{Kg}{z_1}$ | 25,8 | 25,8 | — | — |
| $\frac{Ks_1 . L . c_1 + Ks_2 . L}{z_2}$ | 3,2 | 8,8 | 5,6 | — |
| $\frac{Ks_3 . w_1 + Ks_4 . w_2 + Ks_5 . (w_1 + w_2)}{z_3}$ | 2,9 | 2,9 | — | — |
| $k_1 . c_2$ | 22,1 | 21,2 | — | 0,9 |
| $k_2 + k_3 + k_4 + K_r$ | 13,9 | 13,9 | — | — |
| Summe........................ | 67,9 | 72,6 | + 5,6<br>= + 4,7 Pf.<br>= 6,9% | —0,9 |

Die Gegenüberstellung zeigt, daß auf Linie 18 die spezifischen Selbstkosten um 4,7 Pf. je Rkm = 6,9% höher sind als der entsprechende Mittelwert. Die Hauptabweichung liegt bei den speziellen Zeitkosten für die Bahnanlage, die allein Mehrkosten in Höhe von 5,6 Pf. je Rkm ergeben. Die schlechte Ausnutzung der Bahnanlage macht also allein schon die Wirtschaftlichkeit der Linie zunichte, da die mittlere Einnahme pro Rechnungskilometer nur 71,1 Pf. beträgt. Die Mehrkosten werden nur zu geringem Teil (0,9 Pf.) durch die höhere Reisegeschwindigkeit ausgeglichen.

## 2. Beispiel: Linie 6.

Wie aus Zahlentafel 7 ersichtlich, weist diese Linie die niedrigste Reisegeschwindigkeit unter allen Linien des untersuchten Unternehmens auf. Der Betrieb wird nur mit Triebwagen durchgeführt.

Für die Durchführung der Rechnung ist aus den gleichen Gründen wie bei Linie 18 die Linie in drei Streckenabschnitte zu zerlegen.

Die Ergebnisse zeigt die nachstehende Zahlentafel 13, die Gegenüberstellung mit den Mittelwerten des Gesamtbetriebes die folgende Zahlentafel 14.

Aus dieser Gegenüberstellung ist ersichtlich, daß das wirtschaftlich außerordentlich schlechte Ergebnis (die spezifischen Selbstkosten liegen 13,7% über dem Betriebsmittelwert und mit 77,2 RPf. je Rkm weit über der 71,1 RPf./Rkm betragenden mittleren Einnahme) zum großen Teil auf die geringe Reisegeschwindigkeit, ferner auf die schlechte Ausnutzung des Wagenparkes wie auch der Bahnanlage zurückzuführen ist.

Die durch die Vergleichsrechnung hervortretenden Verhältnisse, die beim Rechnen nur mit den Durchschnittswerten verborgen

Zahlentafel 13.
Beispiel 2.

| 1<br>Abschnitt | 2<br>Linie | 3<br>Leistung Rkm | 4<br>Gesamt-leistung Rkm | 5<br>Länge km | 6<br>Länge % |
|---|---|---|---|---|---|
| 1. Westfriedhof—Haller Tor ....... | 6<br>17 | 121 000<br>163 000 | 284 000 $= z_2'$ | 1,72 | 37,3 |
| 2. Haller Tor—Laufer Tor ........ | 6<br>3<br>10 | 119 000<br>232 000<br>159 000 | 510 000 $= z_2''$ | 1,67 | 36,2 |
| 3. Laufer Tor—Viktoriastraße ..... | 6<br>3<br>13 | 85 000<br>169 000<br>99 000 | 353 000 $= z_2'''$ | 1,217 | 26,5 |

Korrekturfaktoren: $c_2 = \frac{14{,}72}{11{,}07} = 1{,}33$; $c_1 = (H \cdot c_3 + R) = c_4 = c_5 = 1$.

Die Einstellung der Werte in die Formel ergibt:

$$k = 25{,}8 + 3{,}56 + 4{,}52 + (29{,}4 + 13{,}9) = 77{,}2 \text{ Pf./Rkm}.$$

Zahlentafel 14 (Gegenüberstellung).
Beispiel 2.

| 1<br>Formelglied | 2<br>Mittel-wert | 3<br>Spezieller Wert | 4<br>Abweichung<br>— | 5<br><br>+ |
|---|---|---|---|---|
| $\frac{Kg}{z_1}$ | 25,8 | 25,8 | | |
| $\frac{Ks_1 \cdot L \cdot c_1 + Ks_2 \cdot L}{z_2}$ | 3,2 | 3,56 | | 0,36 |
| $\frac{Ks_3 \cdot w_1 + Ks_4 \cdot w_2 + Ks_5 \cdot (w_1 + w_2)}{z_3}$ | 2,9 | 4,52 | | 1,62 |
| $k_1 \cdot c_2$ | 22,1 | 29,40 | | 7,30 |
| $k_2 + k_3 + k_4 + k_r$ | 13,9 | 13,9 | | 0 |
| Summe ........................ | 67,9 | 77,18<br>$\sim$ 77,2 | | 9,28<br>$\sim$ 9,3 Pf.<br>= + 13,7% |

geblieben wären, lassen Abhilfemaßnahmen durch die Betriebsleitung als dringend erforderlich erscheinen.

3. Beispiel: Linie 31.

Im Gegensatz zu der in Beispiel 2 untersuchten Linie 6 zeigt die Linie 31 eine besonders hohe Reisegeschwindigkeit (Zahlentafel 7).

Bei der Durchführung der Berechnung ist die Linie kostenrech-

Zahlentafel 15.

Beispiel 3.

| 1 | 2 | 3 | 4 | 5 | 6 |
|---|---|---|---|---|---|
| Abschnitt | Linie | Leistung Rkm | Gesamtleistung Rkm | Länge km | Länge Prozent |
| 1. Flößaustraße—Bahnhofstraße ... | 31 | 225 000 | | | |
| | 21 | 262 000 | 487 000 $= z_2'$ | 1,64 | 18,4 |
| 2. Bahnhofstraße—Fuchsstraße .... | 31 | 363 000 | | | |
| | 21 | 241 000 | | | |
| | 11 | 215 000 | | | |
| | 1 | 471 000 | 1 290 000 $= z_2''$ | 2,64 | 29,6 |
| 3. Fuchsstraße—Plärrer .......... | 31 | 445 000 | | | |
| | 21 | 518 000 | | | |
| | 11 | 264 000 | | | |
| | 41 | 87 000 | | | |
| | 1 | 580 000 | 1 894 000 $= z_2'''$ | 3,24 | 36,3 |
| 4a. Plärrer—(Sterntor)—Königstor. | 31 | 86 000 | | | |
| | 5/15 | 266 000 | | | |
| | 7 | 113 000 | | | |
| | 17 | 119 000 | 584 000 $= z_2''''$ | 1,289 . 0,5 | 7,2 |
| 4b. Königstor—(Lorenzkirche)—Plärrer ...................... | 31 | 101 000 | | | |
| | 21 | 236 000 | | | |
| | 11 | 120 000 | | | |
| | 2 | 206 000 | | | |
| | 1 | 264 000 | 927 000 $= z_2'''''$ | 1,505 . 0,5 | 8,5 |

Korrekturfaktoren: $c_2 = \frac{14,72}{17,83} = 0,826;$

$$c_1 = (H \,.\, c_3 + R) = c_4 = c_5 = 1.$$

Wagenzahl: $w_1 = 6;\ w_2 = 12.$

Die Einstellung der Werte in die Formel ergibt:

$$k = 25,80 + 1,56 + 2,38 + (18,25 + 13,90) = 61,89 \text{ Pf./Rkm.}$$

nerisch in vier Streckenabschnitte zu zerlegen, ferner ist zu beachten, daß die Linie im vierten Abschnitt, in dem sie eine Schleife fährt, getrennten Hin- und Rückweg hat. Dieser Abschnitt muß deshalb in zwei Teilabschnitte zerlegt werden, wobei für jeden nur die Hälfte der Fahrleistung eingesetzt werden darf, wie auch bei der prozentualen Aufteilung der Linienlänge für die beiden Teilabschnitte nur die Hälfte des Anteils des vierten Abschnittes einzusetzen ist.

Das Ergebnis der Rechnung zeigt die nachstehende Zahlentafel 15, die Gegenüberstellung mit den entsprechenden Mittelwerten des Gesamtbetriebes die folgende Zahlentafel 16.

Zahlentafel 16 (Gegenüberstellung).

Beispiel 3.

| 1 | 2 | 3 | 4 | 5 |
|---|---|---|---|---|
| Formelglied | Mittelwert | Spezieller Wert | Abweichung | |
| | | | — | + |
| $\frac{K_g}{z_1}$ | 25,80 | 25,80 | — | — |
| $\frac{Ks_1 . c_1 . L + Ks_2 . L}{z_2}$ | 3,20 | 1,56 | 1,64 | — |
| $\frac{Ks_3 . w_1 + Ks_4 . w_2 + Ks_5 . (w_1 + w_2)}{z_3}$ | 2,90 | 2,38 | 0,52 | — |
| $k_1 . c_2$ | 22,10 | 18,25 | 3,85 | — |
| $k_2 + k_3 + k_4 + k_r$ | 13,90 | 13,90 | — | — |
| Summe | 67,90 | 61,89<br>~61,90 | 6,01<br>~ 6,0 Pf.<br>= — 8,85% | — |

Die Gegenüberstellung zeigt ein wirtschaftlich günstiges Bild: Die Selbstkosten dieser Linie liegen um 8,85% unter dem Betriebsmittelwert. Es erscheint zweifellos, daß diese Tatsache vor allem auf die hohe Reisegeschwindigkeit und auf die gute Ausnutzung der Bahnanlage zurückzuführen ist. Allerdings ist zu berücksichtigen, daß die hohe Reisegeschwindigkeit vor allem dadurch erzielt wird, daß der Haltestellenabstand groß ist, bzw., daß an einer Reihe von Haltestellen durchgefahren wird, da die Linie 31 als sogenannte Schnellinie betrieben wird.[1] Ob die Wirkung der schnelleren Beförderung den Ausfall durch die geringere Zu- und Absteigemöglichkeit ausgleicht oder gar überdeckt, muß hier mangels vorliegenden Materials dahingestellt bleiben.

[1] Böhm: a. a. O., S. 47 und 49.

# E. Buchführung und Kontenschaubild im Rahmen des kaufmännischen Rechenwerkes bei Straßenbahnunternehmen unter besonderer Berücksichtigung der Selbstkostenrechnung (Beispiel einer „synthetischen" Verfahrensweise).

## 1. Richtlinien für Aufbau und Anwendung eines „Kontenrahmens".

Im Hinblick darauf, daß der „Schmalenbachsche Kontenrahmen" durch die ihn behandelnden Veröffentlichungen des Reichskuratoriums für Wirtschaftlichkeit[1] schon verhältnismäßig weiten Kreisen bekannt geworden ist und überdies eine ganze Zahl anderer sich mehr oder weniger eingehend mit diesem Thema beschäftigender betriebswissenschaftlicher Abhandlungen im Buchhandel erschienen ist, darf wohl davon abgesehen werden, im Rahmen der vorliegenden Arbeit Grundsätzliches über Aufbau und Anwendung dieses allgemein als genial anerkannten Buchhaltungshilfsmittels zu sagen.

Nicht zu übersehen ist jedoch, daß der „Kontenrahmen" bzw. eine ihm angeglichene schaubildartige Kontendarstellung in der Buchhaltungspraxis der Verkehrsbetriebe so gut wie unbeachtet geblieben ist. — Wenn daher wohl das Grundsätzliche über die Idee, die äußere Form und die von Schmalenbach angewendete „Zeichensprache" als bekannt vorausgesetzt werden darf, wird doch bei Einzelheiten die Darstellung eingehender sein müssen, als es vielleicht dem Nur-Wissenschaftler unbedingt nötig erscheinen mag.

## 2. Die praktische Anwendung des Kontenschaubildes in Anlehnung an den „Schmalenbachschen Kontenrahmen".[2]

Da ein „Kontenrahmen" nicht nur die mit der Selbstkostenrechnung in engstem Zusammenhang stehenden Konten, die Konten der „Betriebsbuchhaltung", umfaßt, sollen zunächst die in der Bilanz und dem Gewinn- und Verlustkonto zweier großer Straßenbahnunternehmen, der Berliner Verkehrs-Aktiengesellschaft (BVG.) und der Wiener städtischen Straßenbahn (Gemeinde Wien-Städtische Straßenbahnen), auftretenden Konten und im Anschluß daran die vom geltenden Gesetz empfohlene Mustergliederung der Jahresbilanz und der Gewinn- und Verlustrechnung der Straßenbahnen, der Linienverkehrsunternehmen und der Güterkraftverkehrsunternehmen wiedergegeben bzw. besprochen werden.[3]

---

[1] RKW-Veröffentlichung Nr. 43 und RKW-Mitteilungen vom November 1937.

[2] „Entwurf eines Kontenplanes für Straßenbahnen" (siehe Tafel).

[3] „Erste Durchführungsverordnung zum Aktiengesetz." Vom 29. September 1937 (RGBl. I, S. 1042—1045), siehe Anhang S. 99 ff.

Es erscheint dabei die vergleichsweise Gegenüberstellung von Bilanzen und Gewinn- und Verlustrechnungen nicht nur verschiedener Jahre jeweils ein und deselben Unternehmens, sondern auch verschiedener Unternehmen deshalb angebracht, weil einmal die im Kontenschaubild aufzuführenden Konten grundsätzlich der vom Gesetzgeber entworfenen Gliederung anzugleichen sind, aber auch, weil die Heranziehung der Beispiele aus der Praxis (insbesondere im Hinblick auf die Bedeutung der betreffenden Verkehrsunternehmen) zu Vergleichszwecken von Wert sein dürfte; und dies um so mehr, als das Gesetz[1] die erwähnten „Muster“ ausdrücklich mit dem Nebensatz ..... unbeschadet einer weiteren Gliederung ...“ aufführt.

Es ist in diesem Zusammenhang bei der Betrachtung der Gewinn- und Verlustrechnung der BVG. aus dem Jahre 1931 zu bemerken, daß zwar Betriebskosten und Betriebseinnahmen getrennt ausgewiesen sind (auch die Erläuterungen für Straßenbahn, U.-Bahn und Omnibus werden gesondert gebracht), daß aber eine weitere Gliederung nicht erfolgt ist, und dies auch nur teilweise in den Erläuterungen nachgeholt wurde. Wie anders nur wenige Jahre später, wo der ebensosehr betriebswirtschaftlich wie seitens der Praxis zu begrüßende Einfluß des Gesetzgebers in der eingehenden Gliederung sichtbar wird, wie sie der Jahresabschluß des gleichen Unternehmens zum 31. Dezember 1936 schon bringt, obwohl damals das zitierte Gesetz noch nicht veröffentlicht, aber in seiner heilsamen Tendenz doch schon weitgehend vorbereitet war durch das Gesetzeswerk um die erste Aktienrechtsnovelle von 1931.

Die Bilanz und Gewinn- und Verlustrechnung der Wiener Straßenbahn zeigt schon in der Veröffentlichung zum 31. Dezember 1930 eine recht eingehende Aufteilung, die außerdem durch entsprechende Erläuterungen ergänzt wird. Für die Erfassung und Kontierung der Verwaltungs-, Betriebs- und Instandhaltungskosten, der „Ausgaben“, wird ein außerordentlich stark gegliederter Kontenplan benutzt, dessen Veröffentlichung die Direktion zur Zeit der Niederschrift der vorliegenden Arbeit bedauerlicherweise nicht gestattet hat, und wodurch auch eine genaue Darstellung der Einnahmekonten unmöglich wird.

Die „Erste Durchführungs-V.-O. zum Aktiengesetz (vom 29. September 1937)“ schreibt für die Jahresbilanzen und für die Gewinn- und Verlustrechnungen für Straßenbahnen, Linienverkehrsunternehmen und Güterkraftverkehrsunternehmen eine Gliederung vor, die für jedes Straßenbahnunternehmen als Mindestanordnung maßgebend ist. Es bedarf wohl keiner besonderen Erläuterung, über den Wert einer im Rahmen der Fachgruppen u. dgl. einheitlichen Bilanz- usw. Gliederung und entsprechender Anwendung für die Betriebsabrechnung, die Selbstkostenrechnung und Kontenplanung sowie die Darstellung im Kontenschaubild. Es ist klar, daß damit eine hervor-

[1] a. a. O., § 25/(1), Satz 2.

ragende zwischenbetriebliche Vergleichsmöglichkeit geschaffen wird. — Der der vorliegenden Arbeit beigegebene Entwurf eines Kontenplanes für Straßenbahnen[1] möge ein Beitrag sein in diesem Sinne.

Im einzelnen ist dazu zu sagen:

Abweichungen von der üblichen Einteilung zeigen die Klassen 5, 8 und 9.

Die an sich freie Klasse 5 wird für die „Allgemeine Verwaltung" verwendet, da diese den „Betriebsverwaltungen" und den einzelnen „Betriebsabteilungen" (Werkstätten usw.) rechnungsmäßig vorgelagert ist.

Eine besondere Rolle ist der Klasse 8 zugewiesen, die ja in Industriebetrieben zur Abrechnung der „Kostenträger" dient: Da — wie wir gesehen haben — bei Verkehrsunternehmen Kostenträger in gleichem Sinne wie bei Industrieunternehmen nicht vorhanden sind, weil es keine belastungsfähigen Kostenträger gibt, ist die Klasse 8 benutzt worden zur kostenrechnerischen Gegenüberstellung der Kosten der Betriebsleistungen mit den Erlösen.

Die Klasse 9 enthält dementsprechend nicht die Erlösabrechnung selbst, sondern nur Hilfskonten zur Erlösabrechnung.

Im folgenden sei in großen Zügen der Buchungsgang an Hand des Kontenschaubildes erörtert: Über die „ruhenden Konten" der Klasse 0 und die Finanzkonten der Klasse 1 ist besonderes nicht zu sagen, da Bedeutung und Buchungsvorgänge bei diesen Konten keine Abweichung zeigen gegenüber anderen Kontenplänen, die gleichfalls nach dem „Kontenrahmen" entwickelt sind.

Höchstens sei zum besseren Verständnis des „Entwurfes" kurz darauf hingewiesen, daß die in Klasse 1 (Finanzkonten) untergebrachten Konten in zwei Hauptgruppen zerfallen, von denen die erste (Konten 100—111) die Konten der sofort greifbaren Mittel, die zweite (Konten 120—199) solche Konten umfaßt, auf denen in Bewegung befindliche Schuldverhältnisse verzeichnet werden. Aus Raumgründen wurde im Entwurf von einer namentlichen Aufführung dieser Konten abgesehen. Die im Entwurf in die entsprechenden Kontenbilder eingetragenen römischen und damit verbundenen deutschen Ziffern beziehen sich auf die entsprechenden Zahlen der Bilanz der gesetzlichen Muster (Anhang, S. 99 ff.). — Entsprechendes gilt für die Kontendarstellung 094—097.

Auch die Konten der Klasse 2 werden nur soweit berührt, wie es sich um „Zusatzkosten" (beim Abschluß) und „neutrale Erträge"[2] handelt. Es ist dabei daran zu erinnern, daß die Abschreibungen auf Konto 295 und die Zinsen auf Konto 290 mit dem Jahres-Gewinn- und Verlustkonto 098 abrechnen, nachdem sie zuvor die Salden aus 360 bzw. 350 übernommen haben. Grundsätzlich werden auf Konten der Klasse 2 nur solche Beträge verbucht, die mit der Betriebs-

---

[1] S. Tafel.

[2] Im Sinne Schmalenbachs.

leistung nichts zu tun haben und daher in der Kalkulation unberücksichtigt bleiben müssen. Positiv ausgedrückt: Es handelt sich um diejenigen Beträge, die nur den buchhalterischen Jahreserfolg beeinflussen.

In Klasse 3 und Klasse 4 sind nur einzelne Kostenarten aufgeführt; um das Schaubild nicht unübersichtlich zu machen, ist die Zahl der zeichnerisch dargestellten Konten möglichst beschränkt worden. Praktisch dürfte sich die Notwendigkeit ergeben, in Klasse 3 und 4 sogar mit vierstelligen Kontennummern zu arbeiten, da ja außerordentlich verschiedenartige Materialien und sonstige Kostenarten in Verkehrsbetrieben im allgemeinen, bei Straßenbahnen im besonderen[1] auftreten. Analog den Bemerkungen zu Klasse 2 sei auch auf die Konten 350 und 360 hingewiesen, die rein kalkulatorischen Charakter haben. Hier erfolgen regelmäßig monatlich Erkennungen für Kapitalnutzung und Anlagenabnutzung auf Grund der Selbstkostenrechnung.

Die Bezeichnungen der Klassen 5, 6 und 7 sprechen für sich selbst, während in Klasse 8 zwei Hauptgruppen vorgesehen sind: die Gruppe der „Streckenabschnitte" und die Gruppe der „Linien":

Innerhalb der Konten 8001—8499 dürfte genügend Raum sein zur Unterbringung aller Streckenabschnitte, die rechnerisch gebildet werden müssen, um eine möglichst gerechte Aufteilung der Kosten zu erreichen. Dabei ist zu bedenken, daß oft für sehr kurze Teilstrecken des Liniennetzes ein Abschnitt zu bilden ist, da natürlich eine Teilstrecke, die von z. B. vier Linien befahren wird, andere Kosten verursacht, als eine solche, auf der nur drei oder weniger Linien verkehren. Eine Strecke, die durch gepflasterte Straßen geführt ist, wird andere Kosten verursachen als eine solche, die über einen eigenen Bahnkörper verfügt u. dgl. m.

Die Kontenziffern von 8501 an aufwärts bis nötigenfalls 8599 sind jeweils für ganze Linien vorgesehen.

Für die Einnahmen, die als Belastung auf Konten der Klasse 1 erscheinen, sind in Klasse 9 — je nach Zugehörigkeit — die drei Konten 900, 910 bzw. 950 zu erkennen, soweit nicht unmittelbar Abgabe unverarbeiteten Materials an Dritte erfolgt, wofür dann Konten der Klasse 4 ohne Zwischenbuchung zu erkennen wären. Diese drei Konten der Klasse 9 dienen dazu, die Einnahmen in drei große Gruppen zu unterteilen:

Konto 900 wird erkannt für alle Einnahmen, die je Linie anfallen, also z. B. verkaufte Fahrscheine für Personenbeförderung, Monatskarten für einzelne Linien, Gepäckbeförderung u. a. m. Das Konto 910 wird erkannt für Einnahmen aus dem Verkauf von Betriebsleistungen, soweit sie nicht je Linie bekannt sind; also z. B. Einnahmen aus dem Verkauf von Karten, die zur Benutzung des gesamten Netzes berechtigen u. dgl. Schließlich werden auf Konto 950 alle sonstigen

[1] Unterbau, Stromführung, elektrische Ausrüstung!

Einnahmen gesammelt, die nicht Gegenwerte für die eigentliche Betriebsleistung bilden, wie Einnahmen für „sonstige Dienstleistungen an Dritte", „Materialabgaben an Dritte" u. dgl. —

Für alle Anschaffungen werden die Konten der Klassen 3 und 4, unter Umständen auch der Klasse 0 — soweit es sich um Anlagen, Beteiligungseffekten u. dgl. handelt — belastet und die Finanzkosten der Klasse 1 entsprechend erkannt.

Für die Einnahmen werden die Finanzkonten der Klasse 1 belastet, die Erlöskonten der Klasse 9 erkannt. —

Soweit die Buchungen hinsichtlich des Verkehrs mit der Außenwelt. —

Die innere Verrechnung (Betriebsabrechnung): Sie erfolgt zwischen den Klassen 3—9, inhaltlich gruppiert in

1. Verrechnung der Zeitkosten,
2. Verrechnung der Mengenkosten,
3. Erlösabrechnung.

Zu 1: Nach Ablauf eines jeden Monats werden die Konten der „Allgemeinen Verwaltung", der einzelnen „Betriebsverwaltungen" (Werkstätten u. dgl.), sowie der „Hilfsbetriebe" zugunsten der Klassen 3 und 4 belastet,[1] und zwar nach Maßgabe der für sie aufgewendeten Gehälter und Löhne, des von ihnen entnommenen Materials, der auf sie entfallenden Abschreibungen, Zinsen, Versicherungen und sonstiger Kosten. Es folgt eine Kostenumlegung zwischen den Klassen 5, 6 und 7 nach entsprechendem „Schlüssel", wie auch die auf der Sollseite der „Allgemeinen Verwaltung" (500) gesammelten Kosten auf die Betriebsverwaltungen, die Betriebsabteilungen und Werkstätten der Klassen 6 und 7 nach entsprechender Schlüsselung umzulegen sind. Konto 500 ist also ein „Durchgangskonto",[2] das sich beim jeweiligen Monatsabschluß ausgleicht. Die „Betriebsverwaltungen" in Klasse 6 sind nunmehr belastet: unmittelbar mit anteiligen Kosten auf Klasse 3 und 4, mittelbar durch Übernahme ihres Anteils aus der allgemeinen Verwaltung; sie werden ihrerseits entlastet und geben — wieder mit Hilfe schlüsselmäßiger Verteilung — die auf ihnen vereinigten Kosten an die Betriebsabteilungen und Werkstätten sowie Hilfsbetriebe in Klasse 7 weiter. Damit sind auch die Konten der Klasse 6 bei Monatsabschluß ausgeglichen.

Die Konten der Klasse 7 zeigen mindestens drei Hauptbelastungsposten:

1. unmittelbar durch sie verursachte Kosten aus Klasse 3 und 4,
2. anteilige Kosten der „Allgemeinen Verwaltung", und
3. anteilige Kosten der „Betriebsverwaltungen".

Wichtig zum richtigen Verständnis ist es, sich klar zu machen, daß nach dem gezeigten Vorgang die Konten der Klasse 7 mit sämt-

---

[1] Monatliche Ertragsrechnung.

[2] S. Schmalenbach: Kontenrahmen.

lichen tatsächlich entstandenen Zeitkosten jeweils des laufenden Monats belastet sind, also die Ist-Kosten je Betriebsabteilung, bzw. je Werkstatt usw. enthalten. —

Zu 2: Nicht verrechnet sind bisher die Mengenkosten, also insbesondere die Kosten für den Fahrdienst, die Kosten für die Zugkraft, die Kosten für die Wagenunterhaltung, soweit sie je Linie unmittelbar zuzurechnen sind.

In dem Schaubild ist die Verrechnung dieser Kosten durch die strichpunktierten Linien dargestellt. Es handelt sich wie man sieht ausschließlich um Belastung der Kontenreihe 8501 ff. zugunsten von Stromkosten, Löhnen und Gehältern, Abschreibungen, Versicherung und Zinsen, soweit diese unmittelbar durch den Betrieb der einzelnen Linien verursacht werden. Hierher gehören auch die an die Wagenführer und Schaffner gezahlten Gehälter, die Abschreibungen und Zinsen, die auf die einzelnen Linien entfallen und die Stromkosten, wobei man sich erinnern mag, daß es eine genaue Ermittelung der Stromkosten je Linie nicht gibt, sondern daß die Verrechnung der Stromkosten je Linie nach Sätzen erfolgt, die auf Grund von Erfahrungen und Beobachtungen ermittelt sind.[1] Unterlagen für die hier verbuchten Wertbeträge sind nicht besondere Aufzeichnungen, sondern Größen, die nach dem vermutlichen Stromverbrauch je Linie festgelegt werden und zweckmäßigerweise so lange unverändert beibehalten werden, wie sich nicht deutliche Fehlschätzungen zeigen oder Veränderungen in der Wagendichte u. a. m. eine neue Festsetzung bedingen.

Die Kosten der Linien 8501 ff. sind also mit den auf sie entfallenden Mengenkosten belastet, und zwar: vollkommen genau, soweit Löhne, Abschreibungen und Zinsen in Frage kommen, mit relativer Genauigkeit, soweit es sich um Stromkosten und andere Mengenkosten handelt.

Es müssen nun zu diesen Mengenkosten je Linie die Zeitkosten zugeschlagen werden. — Ein kleiner „Kunstgriff" mag dabei behilflich sein:

Ein direkter Weg wäre nur mit großer Ungenauigkeit möglich und würde vielleicht den ganzen Wert der Verbuchungsarbeit in Frage stellen. Wir ziehen einen „Umweg" vor. — Die Konten der Streckenabschnitte werden (gleichsam als „Clearingstellen") zwischen die Konten der Betriebsabteilungen und Werkstätten und die Konten der Linien eingeschaltet.[2]

---

[1] S. S. 69, Abs. 3.

[2] Ein von dem üblichen Verfahren nach der Schmalenbachschen „Gebrauchsanweisung" zur Verwendung der „Klasse 8" abweichender Weg. Soweit die einzelnen Linien an den Streckenabschnitten (8001—8499) nicht beteiligt sind, erfolgt natürlich die Verrechnung zwischen 8501 ff. und Klasse 7 unmittelbar.

Jeder Streckenabschnitt verursacht eine gewisse Summe von Gemeinkosten, für die man verhältnismäßig leicht Durchschnitts- oder Standardziffern ermitteln kann. Es wird darum hier vorgeschlagen, an Hand von bestimmten von der jeweiligen Betriebsführung zu errechnenden „Schlüsseln", alle Linien mit Zeitkosten zu Soll(!)-Werten zugunsten derjenigen Streckenabschnitte zu belasten, die von ihnen befahren werden. Die Streckenabschnitte ihrerseits werden dann (ebenfalls nach einer Schlüsselung zu Sollwerten) auf derselben Grundlage belastet, zugunsten der Betriebsstelle in Klasse 7.

Damit sind zwangsläufig die Konten der Streckenabschnitte 8001 ff. ausgeglichen, da ja auf ihnen auf der Soll- wie auf der Habenseite zu „Soll"- (im Gegensatz zu „Ist"-) Werten, d. h. -Kosten abgerechnet wird.

Die Betriebsstellen der Klasse 7 zeigen also links die entstandenen „Ist"-Kosten, rechts die „Soll"-Kosten, zu denen noch Gutschriften hinzukommen, zu Lasten des Erlösverrechnungskontos 950 für an Dritte erbrachte Leistungen.

Damit bleiben aber die Konten der Klasse 7 bei Monatsabschluß unausgeglichen und die bei ihnen entstehenden Salden bilden ein wichtiges Kontrollmittel; allerdings weniger in ihrer absoluten Höhe, als in ihrer relativen Veränderung von Periode zu Periode.

Der Sinn dieser Salden ist zwar nicht eindeutig, denn sie sind das Ergebnis aus erhöhter oder verminderter Wirtschaftlichkeit einerseits, aus Schwankungen des Beschäftigungsgrades anderseits. Es wäre nun wohl theoretisch möglich, bei den Konten der Klasse 7 eine „Proportionalkostenabrechnung" durchzuführen und so zu einer scharfen Kontrolle der Wirtschaftlichkeit an diesen Stellen zu gelangen, indem man die fixen Betriebskosten dieser Stellen gesondert und unmittelbar mit den Konten der Klasse 8 abrechnet. Dadurch würden sich jedoch bei diesen Konten Komplikationen ergeben, wodurch die Übersichtlichkeit in einem Maße vermindert werden könnte, daß aus praktischen Gründen darauf verzichtet werden muß. Wenn aber die Salden, die sich in der Klasse 7 aus „Soll"- und „Ist"-Ziffern ergeben, auch eine eindeutige Charakterisierung nicht zulassen, sind sie doch von ganz besonderem Werte: Man wird nicht bestreiten können, daß mit Hilfe von laufenden statistischen Erhebungen die Wirtschaftlichkeit dieser Betriebsstellen genügend kontrolliert und auf gleichbleibender Höhe gehalten werden kann; dann aber kommt in den Salden der Klasse 7 zum Ausdruck, wie sich die Schwankungen im Beschäftigungsgrad bzw. in der Leistungsdichte ziffernmäßig in jeder einzelnen Betriebsstelle auswirken. Es ist klar, daß von hier aus von Fall zu Fall der Anstoß erfolgen kann, die richtigen organisatorischen Maßnahmen zu treffen, um Verluste aus rückläufiger Beschäftigung so niedrig wie möglich zu halten, bzw. auszugleichen.

Zu 3: Es wurde schon gesagt, daß die Einnahmen in Klasse 9 in drei Gruppen unterteilt sind. Es dürfte praktisch kaum besonders schwierig sein, die Einnahmen je Linie aus Konto 900 auf die einzelnen Linien 8501 ff. zu verteilen. Ferner sind leicht die Pauschaleinnahmen für die Benutzung des gesamten Netzes auf die einzelnen Linien nach Schlüsseln zuzurechnen und von Zeit zu Zeit durch Verkehrszählungen zu überprüfen,[1] während für die sonstigen Einnahmen die entsprechenden Betriebskonten der Klasse 7 erkannt werden.

Damit steht aber auch der Inhalt der „Linienkonten" fest: da sie ja auf ihrer linken Seite die Belastungen mit den Mengenkosten unmittelbar auf Klasse 3 und 4 zeigen, sowie die Belastungen für Zeitkosten zu „Soll"-Werten, mit denen — zum Teil über den Umweg der Streckenabschnittskosten — die Betriebsstellenkonten der Klasse 7 erkannt sind.

Das Ziel, das der Buchhaltung in Anlehnung an die Kalkulation gestellt wurde, ist damit erreicht: **Für jede einzelne Linie ist ohne weiteres die Wirtschaftlichkeit und der Erfolg ablesbar** aus der Gegenüberstellung von Gesamtkosten je Linie und Gesamteinnahmen je Linie.

Die Linienkonten 8501 ff. geben ihrerseits ihre Salden an das Monatsgewinn- und Verlustkonto 999 ab, von dem am Jahresschluß der Saldo auf das Jahres-Gewinn- und -Verlustkonto 098 übertragen wird, über das auch die Differenzen zwischen „Ist" und „Soll" von den Konten der Klasse 7 abzubuchen sind. Die rein kalkulatorischen Konten der Klasse 3 (Zinsen, Abschreibungen usw.) geben ihre Salden an die entsprechenden „neutralen" Konten 200 ff. ab, die ihrerseits ebenfalls über das Jahres-Gewinn- und -Verlustkonto ausgeglichen werden.

Es bleibt nur noch festzustellen, wie aus dem aufgestellten Kontenplan die Bilanz und die Gewinn- und Verlustrechnung nach den neuen gesetzlichen Vorschriften aufgestellt werden können?:

Die Untersuchung ergibt, daß die Aufstellung der Bilanz durch die Einteilung der Konten der Klassen 0 und 1 hinlänglich vorbereitet ist und keine besonderen Schwierigkeiten macht. Anders bei der Gewinn- und Verlustrechnung, wie sie der Gesetzgeber verlangt, da hier eine Deckung mit dem Bild, das das Jahres-Gewinn- und -Verlustkonto zeigt, nicht gegeben erscheint. Die Erfordernisse der Betriebskontrolle und des Kostenvergleiches stehen mit den Erfordernissen der „Publizität" nicht im Einklang. Es ergibt sich damit die Notwendigkeit, für die Veröffentlichung die Gewinn- und Verlustrechnung gesondert aufzustellen. Die Posten sind auf S. 101 ff.

---

[1] Nur so scheint es auch möglich, die Einnahmen im Umsteigeverkehr auf die einzelnen Linien einigermaßen wirklichkeitsnah zu erfassen und verhältnismäßig zu verteilen.

des Anhangs („Muster 7") ersichtlich. Es zeigt sich, daß folgende Posten unmittelbar entnommen werden können:

Treibkraftkosten,
Abschreibungen u. dgl.,
Versicherungskosten,
Sollzinsen,
Besitzsteuern,
Beiträge an Berufsvertretungen usw.,
außerordentliche Aufwendungen u. dgl.,
Erträge aus Beteiligungen,
Habenzinsen,
außerordentliche Erträge u. dgl.,
außerordentliche Zuwendungen.

Die übrigen Posten werden gewonnen, indem Auszüge und Zusammenstellungen aus den Monatsbuchungen gemacht werden, woraus dann zu ermitteln sind:

Verwaltungskosten,
Betriebskosten,
Unterhaltungskosten u. dgl.,
soziale Ausgaben,
Aufwendungen für Nebenbetriebe u. dgl.,
Wege- und Betriebsabgaben,
alle übrigen nicht unmittelbar erfaßten Aufwendungen,
Betriebseinnahmen aus dem Personen- und Gepäckverkehr,
Betriebseinnahmen aus dem Güterverkehr,
sonstige Betriebseinnahmen,
Einnahmen aus Nebenbetrieben u. dgl.,
sonstige Erträge.

Man sieht, daß durch die Einteilung der Konten nach dem Entwurf die Aufstellung der Gewinn- und Verlustrechnung nach den geltenden gesetzlichen Vorschriften weitgehend mindestens vorbereitet ist.

Zum Schluß sei noch mit besonderem Nachdruck darauf hingewiesen, daß das Ziel, welches Böhm mit Hilfe seiner „analytischen" Rechnung unter Anwendung von Korrekturfaktoren zu erreichen sucht, nämlich die Ermittlung der auf die einzelnen Linien entfallenden Gesamtkosten, auf dem Wege über die Kostenstellenrechnung jedenfalls mit größerer Genauigkeit erreicht wird. Es bereitet keine besonderen Schwierigkeiten, die von Böhm errechneten Ziffern aus dem Stand der Konten 8501 ff. (den Linienkonten), direkt zu ermitteln, indem nur die Summe der auf der Sollseite jedes Linienkontos aufgezeichneten Mengen- und Zeitkosten je Linie durch die geleisteten Wagenkilometer bzw. Platzkilometer zu teilen ist. Die große Anzahl von Konten, die dadurch bedingt ist, daß für die Streckenabschnitte und für jede Linie besondere Konten geführt werden, kann nicht als

Argument dafür angeführt werden, daß damit die Buchungsarbeit zu umständlich würde. Die Zahl der zu leistenden Buchungen, sowie die Gewinnung der Unterlagen hierfür bedeuten im Hinblick auf den erzielten Nutzen nur eine relativ geringe Mehrarbeit, insbesondere, da sie ohnedies von den statistischen Abteilungen der betreffenden Unternehmen vorzubereiten ist und durch Anwendung von Buchungsmaschinen (Hollerith u. dgl.) außerordentlich erleichtert werden kann.

Das nachstehend gezeigte Schema der Konten 8501—8599 zeigt die Kontengruppierung in Anlehnung an die Formel von Böhm und dient zum Nachweis der inhaltlichen Parallelität der beiden Methoden.

Schema der Konten 8501—8599[1] zum Nachweis der Parallelität zwischen der in der vorliegenden Arbeit in Vorschlag gebrachten Rechnungsweise[2] und der „analytischen" Methode Böhms:[3]

| Kosten: | Erlöse: |
|---|---|
| a) Mengenkosten.<br>Fahrdienst (Kl. 4).<br>Zugkraft (Kl. 4).<br>Wagenunterhaltung } Kl. 7.<br>Bahnunterhaltung } Kl. 7. | a) Einnahmen, die für die Linien bekannt sind (900). |
| b) Spezielle Zeitkosten.<br>Abschreibungen (Kl. 3).<br>Zinsen (Kl. 3).<br>Bahnreinigung (Kl. 7). | b) Anteilige Einnahmen aus den Erlösen für Netzbenutzung und aus dem Umsteigeverkehr (910). |
| c) Generelle Zeitkosten.<br>Sonstige aus Kl. 3, 4 und 7. | |
| d) Gewinnübertrag auf 098. | |

# Schlußwort.

**„Die neuen Ziele der deutschen Wirtschaft fordern vom Unternehmer gesteigerte Leistung und erhöhte Wirtschaftlichkeit. Voraussetzung für die Erfüllung dieser großen Aufgabe ist die gründliche Erkenntnis und vollständige Erfassung sämtlicher betrieblichen Vorgänge. Damit ist ein gut ausgebautes Rechnungswesen Grundelement der Neugestaltung der betrieblichen Organisation . . ."**[4]

[1] „Entwurf eines Kontenplanes für Straßenbahnen", Tafel.

[2] S. S. 87 ff.

[3] S. S. 79 ff.

[4] Erlaß des Reichs- und Preußischen Wirtschaftsministers — II Pr. 19 263/37 — und des Ministerpräsidenten Generalfeldmarschall Göring, Beauftragten für den Vierjahresplan, Reichskommissars für die Preisbildung — VI 9991/37, vom 11. November 1937.

Diese den Erlaß des Reichs- und Preußischen Wirtschaftsministers und des Ministerpräsidenten Generalfeldmarschall **Göring**, Beauftragten für den Vierjahresplan, Reichskommissars für die Preisbildung, vom 11. November 1937 einleitenden Sätze, könnten heute Geleitwort sein einer jeden wirtschaftswissenschaftlichen Arbeit. Und wenn die vorliegende Abhandlung ein Beitrag sein sollte in diesem Sinne — sei es, um der Fachwissenschaft Material zu geben auf den von ihr ziel- und verantwortungsbewußt beschrittenen Weg im Dienste am Gemeinwohl unseres Volkes, sei es — und dies vor allen Dingen —, indem sie der Verkehrswirtschaft und dem hier besonders behandelten Zweig derselben unmittelbar Anregungen gibt zu nützlichen Maßnahmen —, dann ist der gewollte Zweck erreicht. —

## Schrifttum.

Bock: Das Rechnungswesen bei der Straßenbahn, Diplomarbeit, Handelshochschule, Berlin 1931.

Böhm: Die Abhängigkeit des Kostenpreises von Straßenbahnen vom Liniencharakter, Würzburg 1932.

Devin: Wirtschaftliche Betriebs- und Verwaltungsfragen städtischer Straßenbahnen, Karlsruhe 1919.

Danielcik: Neuaufbau des deutschen Außenhandels, Berlin 1934.

Geldmacher: Betriebswirtschaftslehre, Leipzig 1927.

Giese: Autobus, teuerstes Nahverkehrsmittel (Berliner Lokalanzeiger Nr. 599, vom 18. Dezember 1932).

Gledhill: Municipal Passenger Transport Costing (The Tramway and Railway World, London, Dezember 1932, Vol. LXXII, Nr. 30).

Heiß: Wohnungsreform und Lokalverkehr, Göttingen 1903.

Helm: Die wirtschaftliche Lage der deutschen Straßenbahnen (Zeitschrift für Kommunalwirtschaft, 13. Jahrg., Berlin 1930).

Hennig: Betriebswirtschaftslehre der Industrie, Berlin 1928.

Kleinstück: Einheitliche Richtlinien für Straßenbahnbuchführungen (Zeitschrift für Betriebswissenschaft, Jahrg. III, Heft III, 1926).

Leitner: Die Selbstkostenrechnung industrieller Betriebe, 9. Auflage, Frankfurt a. M. 1930.

Masurat: Die neuen Bilanzierungsvorschriften. Sonderabdruck aus der Zeitschrift „Zahlungsverkehr und Bankbetrieb“ (Die Betriebswirtschaft. Berlin).

Mellerowicz: Allgemeine Betriebswirtschaftslehre, 2. verbesserte Auflage, Berlin 1932.

Derselbe: Grundlagen betriebswirtschaftlicher Wertungslehre, Berlin 1926.

Derselbe: Grundlagen rationeller Verkehrsorganisation (Frankfurter Zeitung, Wirtschaftsheft 8, „Zusammenarbeit der Verkehrsmittel“).

Derselbe: Grundlagen und Grundsätze neuzeitlicher Buchhaltungsorganisation (Der praktische Betriebswirt, Nr. 10, 14. Jahrg., Oktober 1934).

Derselbe: Theorie der Kosten (I. Bd., Kosten und Kostenrechnung).

Most: Die Deutsche Stadt und ihre Verwaltung, II. Bd., Berlin-Leipzig 1926.

Mumssen: Selbstkostenproblem und öffentliche Kritik bei den Schienenbahnen (Niederschrift über die 28. Hauptversammlung des Verbandes Deutscher Verkehrsverwaltungen e. V., Hamburg am 20. Juni 1931).

Peiser: Grundlagen der Betriebsrechnung in Maschinenbauanstalten. Berlin 1923.

Pohl und Strommenger: Handbuch der öffentlichen Verkehrsbetriebe. Berlin 1936.

Schmalenbach: Der Kontenrahmen (2. und 3. Auflage); RKW-Veröffentlichungen, Nr. 43, Leipzig 1929 und 1930.

Sombart: Gewerbewesen, Berlin 1930.

Strommenger und andere (Verband deutscher Kraftverkehrsgesellschaften): „Selbstkostenvergleich Straßenbahn—Omnibus“, Dortmund 1930.

Tecklenburg: Betriebskostenrechnung und Selbstkostenermittelung bei der Deutschen Reichsbahn, Berlin 1930.

Töndury: Die Grundlagen der betrieblichen Verrechnung (in „Die Bilanzen der Unternehmungen“, 1. Bd.), Berlin-Wien 1933.

Voigt: Abschreibungen und Rücklagen bei Privatbahnunternehmungen. Birkeneck 1933.

## Aktenmaterial, Berichte, Protokolle, Zeitschriften usw.

Aktenmaterial verschiedener Straßenbahnunternehmungen.

Berichte des Internationalen Vereins der Straßenbahnen, Kleinbahnen und der öffentlichen Kraftfahrunternehmen, Brüssel: XXIV. Internationaler Kongreß, Berlin 1934, 9. Frage — „Wirtschaft, Nahverkehr und Städtebau, gezeigt am Beispiel der Reichshauptstadt Berlin“ (Dr. G. Thomas). Berlin, Juli 1934.

Der deutsche Volkswirt, Berlin.

Gesetze u. dgl.

Mündliche Auskünfte verschiedener Straßenbahndirektionen der Reichsverkehrsgruppe Schienenbahnen in Berlin sowie der Wirtschaftsberatung deutscher Gemeinden A. G., Berlin, sowie schriftliche und mündliche Einzelauskünfte führender Verkehrsfachleute.

Niederschriften über die 27. und 28. Hauptversammlung des Verbandes Deutscher Verkehrsverwaltung e. V., Dresden 1930 und Hamburg 1931, Geschäftsberichte (z. T. unveröffentlicht).

„Probleme der neuen Stadt Berlin“, herausgegeben von Brennert und Stein, Deutscher Kommunalverlag G. m. b. H., Berlin.

Reklameheftchen der Vereinigten Verkehrsreklame, Berlin C.

Tagesblätter (verschiedene).

Zeitschrift für Kommunalwirtschaft, Berlin.

Zeitschrift für öffentliche Wirtschaft, Berlin.

Anhang.

# 1. Formblätter für die Jahresbilanz und für die Gewinn- und Verlustrechnung nach der ersten Durchführungsverordnung v. 29. September 1937 zum Aktiengesetz v. 30. Januar 1937

Muster 6.[1]

Formblatt
für die Jahresbilanz der Straßenbahnen, der Linienverkehrsunternehmen und der Güterkraftverkehrsunternehmen.

A. Aktiva.

| | | |
|---|---|---|
| I. | Ausstehende Einlagen auf das Grundkapital | |
| II. | Anlagevermögen: | |
| | 1. Anlagen des Straßenbahnbetriebs: | |
| | a) Bahnbetriebsgrundstücke einschließlich des Bahnkörpers und der Betriebsgebäude | |
| | b) Gleisanlagen | |
| | c) Streckenausrüstung und Sicherungsanlagen | |
| | d) bebaute und unbebaute Grundstücke, die ausschließlich Verwaltungszwecken oder Werkwohnungszwecken dienen | |
| | e) Betriebsmittel (Fahrzeuge) | |
| | f) Werkstattmaschinen und maschinelle Anlagen | |
| | g) Werkzeuge, Geräte, Betriebs- und Geschäftsausstattung | |
| | 2. Anlagen des Kraftverkehrsbetriebs: | |
| | a) Betriebsgrundstücke und Betriebsgebäude | |
| | b) Treibkraftversorgungsanlagen | |
| | c) Streckenausrüstung und Sicherungsanlagen | |
| | d) bebaute und unbebaute Grundstücke, die ausschließlich Verwaltungszwecken oder Werkwohnungszwecken dienen | |
| | e) Betriebsmittel (Fahrzeuge) | |
| | f) Werkstattmaschinen und maschinelle Anlagen | |
| | g) Werkzeuge, Geräte, Betriebs- und Geschäftsausstattung | |

[1] RGBl. Nr. 107/37/I, Seite 1042ff.

## A. Aktiva.

| | | |
|---|---|---|
| | 3. Andere bebaute und unbebaute Grundstücke | |
| | 4. Andere Betriebe, namentlich Nebenbetriebe | |
| | 5. Konzessionen, Patente, Lizenzen, Marken- und ähnliche Rechte | |
| | 6. Beteiligungen (§ 131, Abs. 1, A, II, Nr. 6 des Aktiengesetzes) | |
| | 7. Andere Wertpapiere des Anlagevermögens | |
| III. | Umlaufvermögen: | |
| | 1. Stoffvorräte (Betriebs-, Bau-, Oberbau- und Werkstattstoffe, Ersatzteile) | |
| | 2. Wertpapiere, soweit sie nicht unter II, Nr. 6 oder 7, III, Nr. 3, 11 oder 12 aufzuführen sind | |
| | 3. Eigene Aktien und Aktien einer herrschenden Gesellschaft (Nennbetrag: RM ........) | |
| | 4. Hypotheken, Grund- und Rentenschulden | |
| | 5. Von der Gesellschaft gegebene Baudarlehen | |
| | 6. Von der Gesellschaft geleistete Anzahlungen | |
| | 7. Forderungen auf Grund von Lieferungen und Leistungen | |
| | 8. Forderungen an Konzernunternehmen | |
| | 9. Forderungen aus Krediten, die nach § 80 des Aktiengesetzes nur mit ausdrücklicher Zustimmung des Aufsichtsrats gewährt werden dürfen | |
| | 10. Forderungen an Aufsichtsratsmitglieder, soweit sie nicht aus Geschäften entstanden sind, die der Betrieb der Gesellschaft gewöhnlich mit sich bringt | |
| | 11. Wechsel | |
| | 12. Schecks | |
| | 13. Kassenbestand einschließlich von Reichsbank- und Postscheckguthaben | |
| | 14. Andere Bankguthaben | |
| | 15. Sonstige Forderungen | |
| IV. | Posten, die der Rechnungsabgrenzung dienen | |
| V. | Reinverlust | |
| | Verlustvortrag aus dem Vorjahr | |
| | Gewinnvortrag aus dem Vorjahr | |
| | Gewinn 19.. | |
| | Verlust 19.. | |
| | Summe der Aktiva | |

## B. Passiva.

| | | |
|---|---|---|
| I. | Grundkapital; die Gesamtnennbeträge der Aktien jeder Gattung sind gesondert anzugeben; sind Mehrstimmrechtsaktien ausgegeben, so ist ihre Gesamtstimmenzahl und die der übrigen Aktien zu vermerken; bedingtes Kapital ist mit dem Nennbetrag zu vermerken | |

B. Passiva.

| | |
|---|---|
| II. | Rücklagen: |
| | 1. Gesetzliche Rücklage |
| | 2. Andere (freie) Rücklagen |
| III. | Wertberichtigungen zu Posten des Anlagevermögens |
| IV. | Rückstellungen für ungewisse Schulden |
| V. | Erneuerungsstock |
| VI. | Heimfallstock |
| VII. | Verbindlichkeiten: |
| | 1. Anleihen (davon sind RM ........ dinglich gesichert) |
| | 2. Hypotheken, Grund- und Rentenschulden |
| | 3. Von Arbeitern, Angestellten und Kunden gegebene Pfandgelder |
| | 4. Verbindlichkeiten aus Werkspareinlagen |
| | 5. Anzahlungen von Kunden |
| | 6. Verbindlichkeiten auf Grund von Lieferungen und Leistungen |
| | 7. Verbindlichkeiten gegenüber Konzernunternehmen |
| | 8. Verbindlichkeiten aus der Annahme von gezogenen Wechseln und der Ausstellung eigener Wechsel |
| | 9. Verbindlichkeiten gegenüber Banken |
| | 10. Sonstige Verbindlichkeiten |
| VIII. | Posten, die der Rechnungsabgrenzung dienen |
| IX. | Reingewinn |
| | Verlustvortrag aus dem Vorjahr |
| | Gewinnvortrag aus dem Vorjahr |
| | Verlust 19.. |
| | Gewinn 19.. |
| | Summe der Passiva |

Muster 7.[1]

Formblatt für die Gewinn- und Verlustrechnung der Straßenbahnen, der Linienverkehrsunternehmen und der Güterkraftverkehrsunternehmen.

A. Aufwendungen.

| | |
|---|---|
| I. | Aufwendungen für den Straßenbahnbetrieb: |
| | 1. Verwaltungskosten: |
| | a) Besoldungen, Löhne und sonstige Bezüge |
| | b) sonstige Verwaltungskosten |

[1] RGBl. Nr. 107/37/I, Seite 1044ff.

| A. Aufwendungen | |
|---|---|
| | 2. Betriebskosten: |
| | a) Besoldungen, Löhne und sonstige Bezüge, soweit sie nicht unter Nr. 4 aufzuführen sind |
| | b) sonstige Betriebskosten |
| | 3. Treibkraftkosten |
| | 4. Unterhaltungskosten einschließlich der auf die Unterhaltung entfallenden Löhne für: |
| | a) Bahnkörper |
| | b) Gleisanlagen |
| | c) Streckenausrüstung und Sicherungsanlagen |
| | d) Betriebsmittel (Fahrzeuge) |
| | e) Werkstattmaschinen und maschinelle Anlagen |
| | f) Werkzeuge, Geräte, Betriebs- und Geschäftsausstattung |
| | g) Grundstücke und Gebäude (eigene und gemietete) |
| | 5. Soziale Ausgaben: |
| | a) soziale Abgaben |
| | b) sonstige Ausgaben für Wohlfahrtszwecke |
| II. | Aufwendungen für den Kraftverkehrsbetrieb: |
| | 1. Verwaltungskosten: |
| | a) Besoldungen, Löhne und sonstige Bezüge |
| | b) sonstige Verwaltungskosten |
| | 2. Betriebskosten: |
| | a) Besoldungen, Löhne und sonstige Bezüge, soweit sie nicht unter Nr. 4 aufzuführen sind |
| | b) sonstige Betriebskosten |
| | 3. Treibkraftkosten |
| | 4. Unterhaltungskosten einschließlich der auf die Unterhaltung entfallenden Löhne für: |
| | a) Zufahrtstraßen |
| | b) Treibkraftversorgungsanlagen |
| | c) Streckenausrüstung und Sicherungsanlagen |
| | d) Betriebsmittel (Fahrzeuge) |
| | e) Werkstattmaschinen und maschinelle Anlagen |
| | f) Werkzeuge, Geräte, Betriebs- und Geschäftsausstattung |
| | g) Grundstücke und Gebäude (eigene und gemietete) |
| | 5. Soziale Ausgaben: |
| | a) soziale Abgaben |
| | b) sonstige Ausgaben für Wohlfahrtszwecke |
| III. | Aufwendungen für andere Betriebe, namentlich Nebenbetriebe |
| IV. | Abschreibungen und Wertberichtigungen |
| | 1. auf das Anlagevermögen |
| | 2. auf andere Werte |
| V. | Versicherungskosten |

| A. Aufwendungen. | | |
|---|---|---|
| VI. | Zinsen, soweit sie die Ertragszinsen übersteigen; den Zinsen stehen ähnliche Aufwendungen gleich | |
| VII. | Steuern vom Einkommen, vom Ertrag und vom Vermögen | |
| VIII. | Beiträge an Berufsvertretungen, wenn die Zugehörigkeit auf gesetzlicher Vorschrift beruht | |
| IX. | Beträge von:<br>1. Wertminderungen,<br>2. sonstigen Verlusten,<br>zu deren Ausgleich die gesetzliche Rücklage verwandt worden ist | |
| X. | Wege- und Betriebsabgaben | |
| XI. | Außerordentliche Aufwendungen, soweit sie nicht in Nr. I bis X und XII enthalten sind | |
| XII. | Alle übrigen Aufwendungen | |
| XIII. | Gewinn des Geschäftsjahrs<br>(Gewinnvortrag oder Verlustvortrag RM ........) | |
| | Summe der Aufwendungen | |

| B. Erträge. | | |
|---|---|---|
| I. | Einnahmen aus dem Straßenbahnbetrieb:<br>1. aus dem Personen- und Gepäckverkehr<br>2. aus dem Güterverkehr<br>3. sonstige Einnahmen | |
| II. | Einnahmen aus dem Kraftverkehrsbetrieb:<br>1. aus dem Personen- und Gepäckverkehr<br>2. aus dem Güterverkehr<br>3. sonstige Einnahmen | |
| III. | Einnahmen aus anderen Betrieben, namentlich Nebenbetrieben | |
| IV. | Erträge aus Beteiligungen | |
| V. | Zinsen, soweit sie die Aufwandszinsen übersteigen; den Zinsen stehen ähnliche Erträge gleich | |
| VI. | Außerordentliche Erträge einschließlich der Beträge, die durch die Auflösung von Wertberichtigungen, Rückstellungen, freien Rücklagen, des Erneuerungsstocks und des Heimfallstocks gewonnen sind | |
| VII. | Die aus der Auflösung der gesetzlichen Rücklage gewonnenen Beträge | |
| VIII. | Außerordentliche Zuwendungen | |
| IX. | Sonstige Erträge | |
| X. | Verlust des Geschäftsjahrs<br>(Gewinnvortrag oder Verlustvortrag RM ........) | |
| | Summe der Erträge | |

## 2. Bilanz- und Gewinn- und Verlustrechnung der „Gemeinde Wien-Städtische Straßenbahnen".

**Aktiva** **Bilanz zum 31. Dezember 1930**

| Post | Bezeichnung | Schilling | |
|---|---|---|---|
| 1 | Barbestände: | | |
| | a) in der Hauptkasse | 113819,18 | |
| | b) in der Verlagskasse | 18280,35 | 132099,53 |
| 2 | Guthaben bei Geldanstalten: | | |
| | a) bei Banken | 4109479,— | |
| | b) bei der Zentralsparkasse der Gemeinde Wien | — | |
| | c) beim österr. Postsparkassenamt | 14264,80 | |
| | d) bei der Hauptkasse der Stadt Wien | 7991,86 | 4131735,76 |
| 3 | Eigene Wertpapiere | | 1720938,72 |
| 4 | Buchforderungen | | 22526717,24 |
| 5 | Vorräte | | 12701280,57 |
| 6 | Fremde Wertpapiere und Spareinlagen | | 260238,81 |
| 7 | Übergangsposten | | 3773508,62 |
| 8 | Anlagewerte: | | |
| | a) Gründe | 1419610,05 | |
| | b) Gebäude und Hütten | 24204793,37 | |
| | c) Maschinen- und Werksanlagen | 3067451,28 | |
| | d) Gleisanlagen | 81187297,30 | |
| | e) Stromzuführungsanlagen | 3597547,97 | |
| | f) Wagenpark (Strassenbahn, Autobus- und Elektrobusbetrieb) . . . S 84013153,39 | | |
| | g) Wagenpark Stadtbahn . . . „ 13303067,94 | 97316221,33 | |
| | h) Büroeinrichtungen und Sonstige | 2277313,06 | |
| | i) Schankkonzessionen | 1000,— | |
| | k) Adaptierungen . . . S 164864,24<br>Abschreibung 1930 . „ 31729,89 | 133134,35 | |
| | l) Umbaukosten Friedensbrücke . . . S 722417,43<br>Abschreibung 1930 . „ 103768,70 | 618948,73 | |
| | m) Umbaukosten Rotundenbrücke . . . S 366690,18<br>Abschreibung 1930 . „ 100740,15 | 325950,03 | |
| | n) Umbaukosten Augartenbrücke . . . S 2852470,95<br>Abschreibung 1930 . „ 254181,16 | 2599289,79 | |
| | Übertrag . . . | 216748557,26 | 45246519,25 |

**Aktiva**

## Bilanz zum 31. Dezember 1934

| Post | Bezeichnung | | Schilling | |
|---|---|---|---|---|
| 1 | Barbestände: | | | |
| | a) in der Hauptkasse | | 50078,27 | |
| | b) in der Verlagskasse | | 14281,92 | 64360,12 |
| 2 | Guthaben bei Geldanstalten: | | | |
| | a) bei Banken | | 2142688,87 | |
| | b) bei der Zentralsparkasse der Gemeinde Wien | | 2636663,03 | |
| | c) beim österr. Postsparkassenamt | | 10515,91 | |
| | d) bei der Hauptkasse der Stadt Wien | | 14163,22 | 4804031,03 |
| 3 | Eigene Wertpapiere | | | 1784936,35 |
| 4 | Buchforderungen | | | 36863057,45 |
| 5 | Vorräte | | | 8100696,15 |
| 6 | Fremde Wertpapiere u. Spareinlagen | | | 85420,54 |
| 7 | Übergangsposten | | | 2984017,03 |
| 8 | Anlagewerte: | | | |
| | a) Gründe | | 2050083,40 | |
| | b) Gebäude und Hütten | | 24135664,44 | |
| | c) Maschinen- und Werksanlagen | | 3047902,04 | |
| | d) Gleisanlagen | | 49920228,54 | |
| | e) Stromzuführungsanlagen | | 1590902,25 | |
| | f) Wagenpark (Strassenbahn, Autobus- und Elektrobusbetrieb) | S 82751967,49 | | |
| | g) Wagenpark Stadtbahn | „ 13377475,68 | 96129443,17 | |
| | h) Büroeinrichtungen und Sonstige | | 2411484,69 | |
| | i) Schankkonzessionen | | 1000,— | |
| | k) Adaptierungen | S 35952,89 | | |
| | Abschreibung 1934 | „ 32393,82 | 3559,07 | |
| | l) Umbaukosten Friedensbrücke | S 309834,60 | | |
| | Abschreibung 1934 | „ 103708,66 | 206125,94 | |
| | m) Umbaukosten Rotundenbrücke | S 203700,78 | | |
| | Abschreibung 1934 | „ 40740,15 | 162960,63 | |
| | n) Umbaukosten Augartenbrücke | S 2057234,71 | | |
| | Abschreibung 1934 | „ 300194,20 | 1757040,51 | |
| | | Übertrag... | 181416394,68 | 54686518,67 |

**Aktiva** 31. Dezember 1930

| Post | Bezeichnung | | Schilling | |
|---|---|---|---|---|
| | Übertrag... | | 216748557,26 | 45246519,25 |
| | o) Umbaukosten Reichsbrücke ....S | — | | |
| | Abschreibung 1930.,, | — | — | |
| | p) Stadtbahn-Elektrifizierungskosten. | | 22872495,32 | |
| | | | 239621052,58 | |
| | q) Begebungsdifferenz der Dollaranleihe 1927 ...................... | | 14526723,33 | |
| | | | 254147775,91 | |
| | r) Abschreibungen bis 31. Dez. 1929.....S | 57270650,93 | | |
| | Abschreibung 1930.,, | 15668665,70 | | |
| | ab Ausscheidung für 1930 .............,, | — | | |
| | Begünstigte Investitionsausgaben bis 31. Dez. 1929...,, | 8809495,59 | | |
| | für 1930..........,, | — | 81748812,22 | 172298963,69 |
| 9 | Verlustvortrag 1925 bis 1933........ | | | 51380897,35 |
| 10 | Gebarungsabgang 1930 ............. | | | 11785746,56 |
| | | | | 280812126,85 |

Wien, am 31. Dezember 1930.

Die Bilanz und die Gewinn- und Verlustrechnung sind richtig aufgestellt und ergeben sich aus den in dieser Richtung geprüften Haupt- und Nebenbüchern.

Wien, am 30. Juni 1931.

Vom Kontrollamte der Stadt Wien.

Der Kontrollamtsdirektor:

(Unterschrift.)

**Aktiva** 31. Dezember 1934

| Post | Bezeichnung | | Schilling | |
|---|---|---|---|---|
| | Übertrag... | | 181 416 394,68 | 54 686 518,67 |
| | o) Umbaukosten | | | |
| | Reichsbrücke ....S | 3 001 122,68 | | |
| | Abschreibung 1934 „ | 150 056,13 | 2 851 066,55 | |
| | | | 184 267 461,23 | |
| | p) Stadtbahn-Elektrifizierungskosten | | 24 086 547,11 | |
| | | | 208 354 008,34 | |
| | q) Begebungsdifferenz der Dollaranleihe 1927 .................... | | — | |
| | r) Abschreibungen bis 31. Dez. 1933....S | 116 596 396,44 | | |
| | Abschreibung 1934 „ | 11 684 415,76 | | |
| | | S 128 280 812,20 | | |
| | ab Ausscheidungen für 1934........„ | 46 826 334,01 | | |
| | | S 81 454 478,19 | | |
| | Begünstigte Investitionsausgaben bis 31. Dez. 1933 „ | 15 179 215,25 | | |
| | für 1934.........„ | 583 093,35 | 97 216 786,79 | 111 137 221,55 |
| 9 | Verlustvortrag 1925 bis 1933........ | | | 99 291 951,70 |
| 10 | Gebarungsabgang 1934 ............ | | | 3 505 336,50 |
| | | | | 268 621 028,42 |

Wien, am 31. Dezember 1934.

Die Bilanz und die Gewinn- und Verlustrechnung sind ordnungsgemäß aufgestellt und ergeben sich aus den in dieser Richtung geprüften Haupt- und Nebenbüchern.

Wien, am 1. Juli 1935.

Vom Kontrollamte der Stadt Wien:

Der Kontrollamtsdirektor:

(Unterschrift.)

**Passiva** 31. Dezember 1930

| Post | Bezeichnung | Schilling | |
|---|---|---|---|
| 1 | Unternehmungskapital | | 108469000,— |
| 2 | 6%ige 30-Millionen-Dollar-Anleihe der Stadt Wien vom Jahre 1927: | | |
| | Nominale | 123631687,94 | |
| | Tilgung 1928 bis 1930 | 7304572,23 | 116327115,71 |
| 3 | 6%ige Schilling-Schuldverschreibungen der Stadt Wien vom Jahre 1934: | | |
| | Nominale | | — |
| 4 | Anlehenstilgung der 30-Millionen-Dollar-Anleihe der Stadt Wien vom Jahre 1927: | | |
| | Tilgung 1928 bis 1930 | | 7304572,23 |
| 4 | Rücklagen: | | |
| | a) für Körperschaftssteuer | 1727618,43 | |
| | b) für Haftpflichtentschädigungen | 864389,14 | |
| | c) für Sachschadenentschädigungen | 188207,57 | |
| | d) für Ruhe- und Versorgungsgenüsse der Schematisten | 3105446,90 | |
| | e) für Kursdifferenzen bei der Tilgung der 6%-Dollar-Anleihe 1927 | — | |
| | f) aus dem Umtausch der 6%-Dollar-Anleihe 1927 | — | 5885662,04 |
| 6 | Buchschulden | | 37441485,62 |
| 7 | Sicherstellungen | | 299961,16 |
| 8 | Übergangsposten | | 890210,79 |
| 9 | Stadtbahn-Elektrifizierungkosten-Tilgung | | 4194119,30 |
| | | | 280812126,85 |

Wien, am 31. Dezember 1930.

Der amtsführende Stadtrat:

(Unterschrift.)

Gemeinde Wien — Städtische Straßenbahnen:

(Unterschriften.)

**Passiva** 31. Dezember 1934

| Post | Bezeichnung | Schilling | |
|---|---|---|---|
| 1 | Unternehmungskapital ............. | | 124 499 908,86 |
| 2 | 6%ige 30-Millionen-Dollar-Anleihe der Stadt Wien vom Jahre 1923: | | |
| | Nominale ...................... | | 19 941 791,18 |
| | Tilgung ........................ | | — |
| 3 | 6%ige Schilling-Schuldverschreibungen der Stadt Wien vom Jahre 1934: | | |
| | Nominale ...................... | | 74 473 693,44 |
| 4 | Anlehenstilgung der 30-Millionen-Dollaranleihe der Stadt Wien vom Jahre 1927: | | |
| | Tilgung 1928 bis 1930 ............ | | — |
| 5 | Rücklagen: | | |
| | a) für Körperschaftssteuer ......... | 4 775 937,49 | |
| | b) für Haftpflichtentschädigungen .. | 1 122 863,92 | |
| | c) für Sachschadenentschädigungen . | 300 115,53 | |
| | d) für Ruhe- und Versorgungsgenüsse der Schematisten ............. | 5 171 104,23 | |
| | e) für Kursdifferenzen bei der Tilgung der 6%-Dollar-Anleihe 1927 | 2 516 111,99 | |
| | f) aus dem Umtausch der 6%-Dollar-Anleihe 1927 .................. | 2 019 828,88 | 15 905 962,04 |
| 6 | Buchschulden ...................... | | 25 803 834,82 |
| 7 | Sicherstellungen .................. | | 85 420,54 |
| 8 | Übergangsposten ................... | | 1 327 513,50 |
| 9 | Stadtbahn-Elektrifizierungskosten-Tilgung .......................... | | 6 582 904,04 |
| | | | 268 621 028,42 |

Wien, am 31. Dezember 1934.

Gemeinde Wien — Städtische Straßenbahnen:

(Unterschriften.)

## Gewinn- und Verlustrechnung.

**Soll** per 31. Dezember 1930

| Post | Bezeichnung | Schilling | |
|---|---|---|---|
| 1 | Allgemeine Verwaltung des Straßenbahn- und Stadtbahnbetriebes ..... | | 11 050 720,02 |
| 2 | Betriebs- und Instandhaltungskosten des Straßenbahnbetriebes: | | |
| | a) Verkehrs- und kommerzieller Dienst | 76 558 965,52 | |
| | b) Instandhaltung ................ | 40 013 188,62 | 111 572 154,14 |
| 3 | Betriebs- und Instandhaltungskosten des Stadtbahnbetriebes: | | |
| | a) Verkehrs- und kommerzieller Dienst | 10 403 245,01 | |
| | b) Instandhaltung ................ | 5 968 947,63 | 16 372 192,64 |
| 4 | Allgemeine Verwaltung und Betriebs- und Instandhaltungskosten des Autobusbetriebes .................... | | 7 787 491,53 |
| 5 | Allgemeine Verwaltung und Betriebs- und Instandhaltungskosten des Elektrobusbetriebes .................. | | 217 893,33 |
| 6 | Begünstigte Investitionsausgaben gemäß BGBl. Nr. 430 vom 13. Dezember 1929: | | |
| | a) Straßenbahnbetrieb ............ | | — |
| | b) Stadtbahnbetrieb .............. | | 8 809 495,59 |
| | | | 160 809 947,25 |

Wien, am 31. Dezember 1930.

Die Bilanz und die Gewinn- und Verlustrechnung sind ordnungsgemäß aufgestellt und ergeben sich aus den in dieser Richtung geprüften Haupt- und Nebenbüchern.

Wien, am 30. Juni 1931.

Vom Kontrollamte der Stadt Wien.

Der Kontrollamtsdirektor:

(Unterschrift.)

**Soll** per 31. Dezember 1934

| Post | Bezeichnung | Schilling | |
|---|---|---|---|
| 1 | Allgemeine Verwaltung des Straßenbahn- und Stadtbahnbetriebes ..... | | 6 677 694,02 |
| 2 | Betriebs- und Instandhaltungskosten des Straßenbahnbetriebes: | | |
| | a) Verkehrs- und kommerzieller Dienst | 59 647 430,68 | |
| | b) Instandhaltung ................ | 28 256 504,33 | 87 903 935,01 |
| 3 | Betriebs- und Instandhaltungskosten des Stadtbahnbetriebes: | | |
| | a) Verkehrs- und kommerzieller Dienst | 9 939 666,68 | |
| | b) Instandhaltung ................ | 5 111 582,81 | 15 051 249,49 |
| 4 | Allgemeine Verwaltung und Betriebs- und Instandhaltungskosten des Autobusbetriebes ...................... | | 5 963 019,76 |
| 5 | Allgemeine Verwaltung und Betriebs- und Instandhaltungskosten des Elektrobusbetriebes .................. | | 129 384,46 |
| 6 | Begünstigte Investitionsausgaben gemäß BGBl. Nr. 76 aus 1934: | | |
| | a) Straßenbahnbetrieb ............ | 553 076,06 | |
| | b) Stadtbahnbetrieb .............. | 30 017,29 | 583 093,35 |
| | | | 116 308 376,09 |

Wien, am 31. Dezember 1934.

Die Bilanz und die Gewinn- und Verlustrechnung sind ordnungsgemäß aufgestellt und ergeben sich aus den in dieser Richtung geprüften Haupt- und Nebenbüchern.

Wien, am 1. Juli 1935.

Vom Kontrollamte der Stadt Wien:

Der Kontrollamtsdirektor:

(Unterschrift.)

**Haben** per 31. Dezember 1930

| Post | Bezeichnung | Schilling | |
|---|---|---|---|
| 1 | Einnahmen aus der Personenbeförderung: | | |
| | a) Straßenbahn- und Stadtbahnbetrieb | 137 883 305,39 | |
| | b) Autobusbetrieb | 6 813 326,16 | |
| | c) Elektrobusbetrieb | 79 033,34 | 144 775 664,89 |
| 2 | Einnahmen aus der Frachtenbeförderung: | | |
| | a) Straßenbahnbetrieb | 220 442,32 | |
| | b) Stadtbahnbetrieb | 22 243,80 | 242 686,12 |
| 3 | Einnahmen aus der Gepäcks- und Hundebeförderung: | | |
| | a) Straßenbahnbetrieb | 410,20 | |
| | b) Stadtbahnbetrieb | 49 946,22 | |
| | c) Autobusbetrieb | — | |
| | d) Elektrobusbetrieb | — | 50 356,42 |
| 4 | Sonstige Einnahmen und Aktivzinsen: | | |
| | a) Straßenbahnbetrieb | 3 229 414,62 | |
| | b) Stadtbahnbetrieb | 622 820,71 | |
| | c) Autobusbetrieb | 103 253,63 | |
| | d) Elektrobusbetrieb | 4,30 | 3 955 493,26 |
| 5 | Gebarungsabgang: | | |
| | a) Straßenbahn- und Stadtbahnbetrieb | 10 775 979,13 | |
| | b) Autobusbetrieb | 870 911,74 | |
| | c) Elektrobusbetrieb | 138 856,69 | 11 785 746,56 |
| | | | 160 809 947,25 |

Wien, am 31. Dezember 1930.

Der amtsführende Stadtrat:

(Unterschrift.)

Gemeinde Wien — Städtische Straßenbahnen:

(Unterschriften.)

**Haben** per 31. Dezember 1934

| Post | Bezeichnung | Schilling | |
|---|---|---|---|
| 1 | Einnahmen aus der Personenbeförderung: | | |
| | a) Straßenbahn- und Stadtbahnbetrieb | 102 895 490,01 | |
| | b) Autobusbetrieb ................ | 4 934 346,26 | |
| | c) Elektrobusbetrieb .............. | 45 116,60 | 107 874 952,87 |
| 2 | Einnahmen aus der Frachtenbeförderung: | | |
| | a) Straßenbahnbetrieb ............ | 112 535,02 | |
| | b) Stadtbahnbetrieb ............... | 15 839,— | 128 374,02 |
| 3 | Einnahmen aus der Gepäcks- und Hundebeförderung: | | |
| | a) Straßenbahnbetrieb ............ | 918 560,20 | |
| | b) Stadtbahnbetrieb ............... | 102 639,90 | |
| | c) Autobusbetrieb ................ | 7 391,40 | |
| | d) Elektrobusbetrieb .............. | 506,60 | 1 029 098,10 |
| 4 | Sonstige Einnahmen und Aktivzinsen: | | |
| | a) Straßenbahnbetrieb ............ | 3 095 510,51 | |
| | b) Stadtbahnbetrieb ............... | 634 985,79 | |
| | c) Autobusbetrieb ................ | 40 074,60 | |
| | d) Elektrobusbetrieb .............. | 43,70 | 3 770 614,60 |
| 5 | Gebarungsabgang: | | |
| | a) Straßenbahn- und Stadtbahnbetrieb | 2 440 411,44 | |
| | b) Autobusbetrieb ................ | 981 207,50 | |
| | c) Elektrobusbetrieb .............. | 83 717,56 | 3 505 336,50 |
| | | | 116 308 376,09 |

Wien, am 31. Dezember 1934.

Gemeinde Wien — Städtische Straßenbahnen:

(Unterschriften.)

# 3. Bilanz und Gewinn- und Verlustrechnung der Berliner Verkehrs-Aktiengesellschaft (BVG./Berlin).

**Aktiva** — **Bilanz zum 31. Dezember 1931 bzw. 1936**

| | Stand am 31. Dezember 1931 in Reichsmark | | Stand am 31. Dezember 1936 in Reichsmark | |
|---|---|---|---|---|
| I. Anlagevermögen. | | | | |
| Straßenbahn. | | | | |
| 1. Bahnanlagen: | | | | |
| a) Gleisanlagen und elektrische Streckenausrüstung | | | 101640887,38[2] | |
| b) Bahnbetriebsgrundstücke und Betriebsgebäude | | | 30800084,08 | |
| c) Grundstücke und Gebäude, die ausschließlich Verwaltungs- und Werkwohnungszwecken dienen | 343577280,27[1] | | 1565116,70 | |
| d) Betriebsmittel (Fahrzeuge) | | | 57272285,17[2] | |
| e) Betriebseinrichtungen | | | 11,— | |
| 2. Sonstige Grundstücke und Gebäude | | 343577280,27 | 1758807,85 | 193037192,18 |
| U-Bahn. | | | | |
| 1. Bahnanlagen: | | | | |
| a) Tunnelanlagen | | | 377919185,22 | |
| b) Hochbahnbrücken, Bauwerksausbau, Oberbau und elektrische Streckenausrüstung | | | 58249534,13[2] | |
| c) Bahnbetriebsgrundstücke und Betriebsgebäude | | | 18415952,85 | |
| d) Grundstücke und Gebäude, die ausschließlich Verwaltungszwecken dienen | 265246739,24[1] | | 1035395,— | |
| e) Betriebsmittel (Fahrzeuge) | | | 55159428,94[2] | |
| f) Maschineller Teil der Stromversorgungsanlagen | | | 9766553,20[2] | |
| g) Betriebseinrichtungen | | | 103,— | |
| h) Neubauten | 141863277,40[1] | | — | |
| i) Grunderwerb | 22059525,52[1] | | — | |
| 2. Sonstige Grundstücke und Gebäude[1] | —[1] | 429169542,16 | 9209063,25 | 529755215,59 |
| Omnibus und Oberleitungsomnibus. | | | | |
| 1. Betriebsanlagen: | | | | |
| a) Betriebsgrundstücke und Betriebsgebäude | | | 9817814,03 | |
| b) Elektrische Streckenausrüstung für Obus | | | 506549,81[2] | |
| c) Neubaukosten Hof Zehlendorf | | | 1049503,71 | |
| d) Grundstücke und Gebäude, die ausschließlich Verwaltungszwecken dienen | 26300019,28[1] | | 791336,23 | |
| e) Betriebsmittel (Fahrzeuge) | | | 19385831,67[2] | |
| f) Betriebseinrichtungen | | | 5,— | |
| 2. Sonstige Grundstücke und Gebäude | | 26300019,28 | 327718,— | 31878758,45 |
| Güterbahnhof Oberschöneweide | | — | | 12,— |
| Patente | | — | | 1,— |
| Gesamtes Anlagevermögen | | 799046841,41 | | 754671179,22 |

| | | | | |
|---|---|---|---|---|
| **II. Beteiligungen** | | | | |
| (darunter Aboag-Vorzugsaktien und zum Umtausch in Hochbahn-Aktien bestimmte 4% Schuldverschreibungen des Umschuldungsverbandes Deutscher Gemeinden im Buchwert von 1935 RM 1044000,—, 1936 „ 1044000,—) | | | | |
| Stand am 1. Januar 1936 (1935) | 13579425,— | | 1282359,18 | |
| Abgang | | | 69138,68 | |
| | | | 1213220,50 | |
| Abschreibung | | 13579452,— | 48890,37 | 1164330,13 |
| **III. Umlaufsvermögen:** | | | | |
| 1. Vorräte[3] | 8679070,05 | | 6581049,24 | |
| 2. Wertpapiere (darunter Wertpapiere des Ruhegeldfonds 1935 RM 17786681,29, 1936 „ 18632461,88) | 2591350,78 | | 18693548,25 | |
| 3. Aktivhypotheken (darunter Aktivhypotheken des Ruhegeldfonds 1935 RM 16467855,24, 1936 „ 15565573,05) | 21987388,40 | | 15894205,61 | |
| 4. Forderungen auf Grund von Lieferungen und Leistungen | — | | 568155,61 | |
| 5. Forderungen an abhängige Gesellschaften | — | | 212703,05 | |
| 6. Forderung an die Berliner Nordsüdbahn-A.-G. i. L. bzw. (1931) Aboag i. L. | 2170494,34 | | 284437,11 | |
| 7. Wechsel | — | | 27688,84 | |
| 8. Kassenbestand einschließlich Guthaben bei Notenbanken und Postscheckguthaben | 1011468,28 | | 662377,05 | |
| 9. Andere Bankguthaben | | | 20258570,63 | |
| 10. Sonstige Forderungen | 5534348,60 | | 1125909,60 | |
| 11. Darlehen (1931) | 82597717,21 | | — | |
| 12. Disagio vom Darlehen (1931) | 2158180,90 | 126730018,56 | — | 64308644,99 |
| **IV. Posten, die der Rechnungsabgrenzung dienen** | | 723306,79 | | 558614,22 |
| | | 940079619,06 | | 820702768,56 |

[1] Keine weitere Unterteilung.

[2] Passiv abgeschriebene Anlagewerte.

[3] Bei der Bilanz 1931 fällt die geringe Gliederung des Anlagevermögens auf, die auch in den Erläuterungen zur Bilanz nicht gegeben wird. Die Vorräte bestehen nach den Erläuterungen aus:

| | | |
|---|---|---|
| Schienen, Weichen und Gleisanlagen | RM | 1718039,94 |
| Omnibusbereifung | „ | 54454,77 |
| Bekleidungslager | „ | 1342304,89 |
| Kohlen für Kraftwerk | „ | 198382,80 |
| Allgemeines Materiallager | „ | 5365887,65 |
| | RM | 8679070,05 |

Anmerkung: Ein Teil der Zahlen der Bilanz und Gewinn- und Verlustrechnung 1936 wurde gegenüber der für 1931 veröffentlichten Bilanz zur besseren Vergleichsmöglichkeit, der Bilanz und Gewinn- und Verlustrechnung 1931 entsprechend, umgruppiert.

**Passiva**

| | Stand am 31. Dezember 1931 in Reichsmark | | | Stand am 31. Dezember 1936 in Reichsmark | | |
|---|---|---|---|---|---|---|
| I. **Aktienkapital** | | | 400000000,— | | | 250000000,— |
| II. **Gesetzlicher** Reservefonds | | | — | | | 20000000,— |
| III. **Heimfallfonds:** | | | | | | |
| **Vortrag** aus dem Vorjahr | | 5370000,— | | | 15569196,40 | |
| Zugang | | 2396618,81 | | | 3271347,39 | |
| | | 7766618,81 | | | 18840543,79 | |
| Entnahme | | 446284,19 | 7320334,62 | | 327419,23 | 18513124,56 |
| IV. Sonstige Reservefonds, Rückstellungen und Wertberichtigungsposten: | | | | | | |
| 1. Sonder-Reservefonds | | 1258553,55 | | | 21919190,95 | |
| 2. Rückstellungen | | — | | | 17059755,99 | |
| 3. Wertberichtigungsposten | | — | | | 558391,65 | |
| 4. Abschreibungs- und Erneuerungsrücklage: | | | | | | |
| Vortrag aus dem Vorjahr | 11285336,89 | | | 80881919,40 | | |
| Zugang | 27380000,— | | | 23360000,— | | |
| | 38665336,89 | | | 104241919,40 | | |
| Abgang | 11983524,45 | 26681812,44 | | 11195101,49 | 93046817,91 | |
| 5. Währungskursunterschiede | | — | 27940365,99 | | 12174439,99 | 144758596,49 |
| V. Rücklage für Ruhegeldverpflichtungen | | | 28475509,80 | | | 40785123,96 |
| VI. Verbindlichkeiten: | | | | | | |
| 1. Langfristige Anleihen: | | | | | | |
| a) $6^1/_2$%ige hypothekarisch gesicherte Hochbahn-Amerika-Anleihe von 1926 ... \$ 15000000,— | | | | | | |
| Abzüglich: Tilgung bis z. 31. Dez. 1935 . \$ 3556000,— Umtausch in RM-Schuldverschreibungen . „ 5600000,— „ 9156000,— | | | | | | |
| \$ 5844000,— | | | | | | |
| Tilgung 1936 ... \$ 423000,— | 57120000,— | | | | | |
| \$ 5421000,— | | | | | | |
| b) $4^1/_2$% Reichsmark-Schuldverschreibungen[1] (gesichert durch Hinterlegung der gegen diese Schuldverschreib. umgetauschten \$-Bonds) | — | | | 13498290,—<br>16800000,— | | |
| c) Aufgewertete Schuldverschreibungen der früheren Straßenbahngesellschaften (Genußrechte der Altbesitzer der Straßenbahn-Schuldverschreibungen im Umlauf nom. 1935 RM 1924200,—, 1936 „ 1656450,—) | 3994950,— | | | 2202825,— | | |
| d) Arbeitslosenfürsorge-Darlehen | — | | | 5952260,11 | | |
| e) Darlehen der Deutschen Gesellschaft für öffentliche Arbeiten | — | 61114950,— | | 9729331,90 | 46382707,01 | |

| | | | | | | |
|---|---|---|---|---|---|---|
| 2. Auf Grundstücken der Gesellschaft lastende Hypotheken | | 3557214,99 | | | 651000,— | |
| 3. Der Gesellschaft gegebene Pfandgelder | | — | | | 85702,44 | |
| 4. Anzahlungen von Kunden aus Reklame | | — | | | 25847,18 | |
| 5. a) Verbindlichkeiten auf Grund von Lieferungen und Leistungen | | 6813185,71 | | | 3508711,21 | |
| b) Restkaufgeldforderung | | 4000000,— | | | — | |
| 6. Verbindlichkeiten gegenüber abhängigen Gesellschaften | | — | | | 1710299,26 | |
| 7. Noch nicht eingelöste zur Rückzahlung gekündigte und ausgeloste Schuldverschreibungen der Strassenbahn und Hochbahn | | 1474973,90 | | | 119244,95 | |
| 8. Noch nicht eingelöste ausgeloste Genußrechtsurkunden | | 10000,— | | | 10789,20 | |
| 9. Unerhobene Anleihezinsen und Gewinnanteile auf Genußrechtsurkunden | | 62219,54 | | | 86465,18 | |
| 10. Verbindlichkeiten gegenüber Banken | | 132005703,19 | | | 38732835,25 | |
| 11. Verbindlichkeiten gegenüber der Stadt Berlin: | | | | | | |
| a) Langfristig: | | | | | | |
| Darlehen aus der Amerika-Anleihe der Stadt Berlin von 1925 | 11934399,69 | | | 8038521,38 | | |
| Aufwertungsschuld | 5023733,— | | | 4019337,— | | |
| Darlehen der Deutschen Girozentrale | 26499055,33 | | | 24030521,21 | | |
| | 43457089,02 | | | 36088379,59 | | |
| b) Kurzfristig | 57726199,93 | 101183288,75 | | 50743841,65 | 86832221,24 | |
| c) Aus der Abrechnung der neuen U-Bahn-Linien: | | | | | | |
| $4^1/_2$% Goldanleihe von 1924 | | | | 6303876,— | | |
| Fondsmittel „Allgemeines Kapitalvermögen" | | | | 1208328,— | | |
| 4% Umschuldungsanleihe | | | | 18025500,— | | |
| 6% England-Anleihe von 1927 | 141863277,40 | | | 44432055,56 | | |
| 6% Amerika-Anleihe von 1928 | | | | 15842194,87 | | |
| Darlehen der Deutschen Girozentrale | | | | 34018403,95 | | |
| Arbeitslosenfürsorge-Darlehen | | | | 9548587,99 | | |
| Sonstige Kredite | | 141863277,40 | | 31993026,32 | 161371972,69 | |
| 12. Sonstige Verbindlichkeiten u. aufgelaufene Zinsen | | 2306666,82 | 454391480,30 | | 4580000,77 | 344097796,38 |
| VII. Posten, die der Rechnungsabgrenzung dienen[2] | | | 21057693,70 | | | 285249,93 |
| VIII. Überschuß: | | | | | | |
| Jahresgewinn | | | | | 800628,15 | |
| Zuzüglich: Gewinnvortrag aus dem Vorjahr | | | 894234,65 | | 1462249,09 | 2262877,24 |
| | | | 940079619,06 | | | 820702768,56 |

Bürgschaften und Garantien:

| — siehe Geschäftsbericht — | | RM | | RM |
|---|---|---|---|---|
| Bürgschaften | 1935 | 3325954,84 | 1936 | 599760,— |
| Ausbietungsgarantien | 1935 | 9147169,95 | 1936 | 9146093,83 |
| Sicherungshypotheken | 1935 | 692968,12 | 1936 | 653000,— |

[1] Bzw. entsprechend andere für 1931.
[2] Sowie für 1931: „Rückstand".

**Aufwendungen** **Gewinn- und Verlustrechnung für das Jahr 1936, bzw. 1931**

| | Stand am 31. Dezember 1931 in Reichsmark | Stand am 31. Dezember 1936 in Reichsmark | |
|---|---|---|---|
| 1. Verwaltungs- und Handlungsunkosten: | | | |
| a) Besoldungen, Löhne und sonstige Bezüge | | 1094245,29 | |
| b) Verschiedene Handlungsunkosten | — | 657853,66 | 1752098,95 |
| 2. Betriebsunkosten: | | | |
| a) Besoldungen, Löhne und sonstige Bezüge | | 41457901,97 | |
| b) Verschiedene Betriebsunkosten | 137215984,18 | 4841076,56 | 46298978,53 |
| 3. Stromkosten und Kraftstoffverbrauch | — | | 15600645,34 |
| 4. Unterhaltungskosten einschließlich Löhne für: | | | |
| a) Betriebsmittel (Fahrzeuge) | | 12988823,77 | |
| b) Bahnkörper und Bereifung | | 6930574,48 | |
| c) Streckenausrüstung | | 1896985,04 | |
| d) Gebäude | — | 1837408,19 | 23653791,48 |
| 5. Soziale Ausgaben: | | | |
| a) Soziale Abgaben | | 4849472,89 | |
| b) Sonstige Ausgaben für Wohlfahrtszwecke | — | 4721218,91 | 9570691,80 |
| 6. Steuern der Gesellschaft: | | | |
| a) Besitzsteuern | | 4515472,85 | |
| b) Sonstige Steuern und Abgaben | — | 1367181,62 | 5882654,47 |
| | | | 102758860,57 |
| 7. Ausgaben der Nebenbetriebe: | | | |
| a) Reklame: | | | |
| aa) Besoldungen, Löhne und sonstige Reklameunkosten | | 1454908,36 | |
| bb) Soziale Abgaben | | 31718,15 | |
| cc) Steuern | | 153513,76 | |
| dd) Abschreibungen auf Inventar | | 36447,89 | |
| | | 1676588,16 | |
| b) Güterbeförderung | — | 48251,75 | 1724839,91 |
| 8. Pensionsverpflichtungen aus den früheren Straßenbahnunternehmen | 4606750,17 | | 2689254,99 |
| 9. Abschreibungen auf Anlagen: | | | |
| a) Laufende Abschreibungen | | 2945574,21 | |
| b) Sonderabschreibungen | | 6300114,42 | |
| c) Anlagenabgänge | 2396618,81 | 370839,— | 9616527,63 |
| 10. Abschreibungen auf Beteiligungen und Umlaufsvermögen | — | | 357264,41 |
| 11. **Rücklage für Erneuerungen**[1] | 29869709,11 | | 23360000,— |
| 12. **Zinsen der langfristigen Anleihen und sonstigen Schulden, abzüglich vereinnahmter Zinsen** | 19120343,85 | | 11844727,39 |

| | | | | |
|---|---|---|---|---|
| 13. Sonstige Aufwendungen: | | | | |
| a) **Zuweisung an den Heimfallfonds** | | | 3271347,39 | |
| b) **Rücklage für eigene Pensionsverpflichtungen** | | | — | |
| c) **Zuweisung zu sonstigen Fonds** | | | 8730434,57 | |
| d) **Zuschuß zur** Gemeinnützigen Heimstättenbaugesellschaft der BVG. Ges. m. b. H. | | | 604117,99 | |
| e) Verschiedenes | | — | 662429,87 | 13268329,82 |
| 14. Überschuß vor Berücksichtigung einer Rücklage für Zuschußforderung der Pensionskasse Dt. Privateisenbahnen | | — | 928652,90 | |
| Abzüglich: Rücklage für Zuschußforderung der Pensionskasse Dt. Privateisenbahnen | | — | 128024,75 | 128024,75 |
| Jahresgewinn | 445857,46 | | 800628,15 | |
| Zuzüglich: Gewinnvortrag aus dem Vorjahr | 448377,19 | 894234,65 | 1462249,09 | 2262877,24 |
| | | 194103640,77 | | 168010706,71 |

## Erträge

| | | | | |
|---|---|---|---|---|
| 1. Gewinnvortrag aus dem Vorjahr | | 448377,19 | | 1462249,09 |
| 2. Betriebseinnahmen: | | | | |
| a) Aus dem Personenverkehr | | | 145258326,99 | |
| b) Aus Miete | | | 1326048,07 | |
| c) Sonstige Einnahmen | | 188058500,86 | 162415,63 | 146746790,69 |
| 3. Einnahmen der Nebenbetriebe:[2] | | | | |
| a) Reklame | | | 3773933,80 | |
| b) Güterbeförderung | | 5596762,72 | 166425,— | 3940358,80 |
| 4. Außerordentliche Erträge[2] | | — | | 15861308,13 |
| | | 194103640,77 | | 168010706,71 |

[1] Sowie (1931) „Abschreibungen".

[2] 1931 zusammengefaßt in „Verschiedene Einnahmen".

Berliner Verkehrs-Aktiengesellschaft
(Unterschriften.)

Nach dem abschließenden Ergebnis unserer pflichtgemäßen Prüfung auf Grund der Bücher und Schriften der Berliner Verkehrs-Aktiengesellschaft sowie der vom Vorstand erteilten Aufklärungen und Nachweise entsprechen die Buchführung, der Jahresabschluß und der Geschäftsbericht den gesetzlichen Vorschriften.

Berlin, den 15. Oktober 1937.

Treuhandgesellschaft für Kommunale Unternehmungen A. G.
(Unterschriften.)

## Berichtigung.

S. 12, Fußnote 1 lies: ... des Verbandes Deutscher Kraftverkehrsgesellschaften (Strommenger, a. a. O.) statt ... des Verbandes Deutscher Verkehrsverwaltungen (Strommenger, a. a. O.).

S. 57 u. 58 im Kopf der Zahlentafel 8, Spalte 6 u. 7 lies: (km je Wagen) statt (1000 km je Wagen).

Additional material from *Kostenrechnerische Grundlagen und Selbstkostenrechnung in Personenbeförderungsbetrieben des Straßenverkehrs,*
ISBN 978-3-662-40654-0, is available at http://extras.springer.com

GPSR Compliance

*The European Union's (EU) General Product Safety Regulation (GPSR) is a set of rules that requires consumer products to be safe and our obligations to ensure this.*

*If you have any concerns about our products, you can contact us on ProductSafety@springernature.com*

In case Publisher is established outside the EU, the EU authorized representative is:

Springer Nature Customer Service Center GmbH
Europaplatz 3
69115 Heidelberg, Germany

**Batch number: 10844655**

Printed by Printforce, the Netherlands